ペットと向き合う

廣済堂出版

はじめに

犬や猫、うさぎや鳥…、子供の頃から今まで、私の暮らしに動物のいない時期はほとんどありませんでした。

この本では、家族であるペットのことに特化して執筆しましたが、私は、この世に存在するあらゆる動物たちへの愛しさを感じずにいられません。食を支える家畜や、医療の進歩を支える実験動物など、様々な形で人の豊かな暮らしに貢献してくれている動物たちの存在と、その命の犠牲に深い感謝をもっています。

ペットもまた、時に人の心の支えとなり、私たち人間に大きな貢献をしています。その命と向き合うなかで、教えられることも多くあります。

この本の執筆中にも、愛猫との悲しい別れがありました。そして、また新たな出会いもありました。東日本大震災の後、被災動物を保護するための仮設シェルター「いわき市ペット保護センター」から迎えた、推定年齢5、6歳の猫、ドラちゃんが我が家に家族として加わりました。子供の頃から繰り返し経験した、たくさんの出会いと別れをとおして今思うことは、もし私の人生に動物たちがいなかったら、穏やかな心で、幸せを感じることはできなかったかもしれない、ということです。人生に喜びや感動をもたらしてくれる動物たちの存在が、どれほど私に力を与えてくれたことか…。

ただ、私は決して、すべての皆さんにペットとの暮らしをおすすめしたいと思っているわけではありません。なぜなら、ペットと暮らすということは、一つの命を引き受けるということですから、その命に対して大きな重い「責任」が生じるからです。もちろん、それをしっかり理解して大切に養うことができれば、確かに最高に幸せな楽しい瞬間をたくさん経験することができます。しかし、正直ペットとの暮らしは、そんなに甘いものではなく、時間も労力もお金も知識も必要で、「こんなはずじゃなかった」と思うような、大変なことも起こりうることを知っておいてほしいと思います。

可愛いペットの姿に心癒されることはあるかもしれませんが、それはあくまでも、ペットとの暮らしのなかで得られた幸運な結果であり、ペットを迎えるとき、「癒されたい」という人間の都合だけが目的であってはいけないと思うのです。

純粋で無垢な動物たちの存在は、人に安らぎを与え、ときに心の支えとなります。そして、そのお世話や、いつかやってくる別れの経験が、私たち人間の心の成長と成熟にも、大きな影響を与えてくれます。

そんな動物たちが、長年の社会現象であるペットブームにより、人のエゴや利益の犠牲となってきました。「物」としてペットショップで売られている動物たちは、まぎれもない「命」なのです。商品として扱われているかぎり、流行り廃《すた》りが生じます。命がそんなふうに扱われていいはずがありません。

ペットと向き合うということは、「命」と向き合うということを、忘れないでほしいと思います。

杉本彩

Contents

Chapter 5

人と動物が幸せな関係を築くために

Chapter 1

動物愛護家にいたるまで

動物愛護への目覚め

24歳の時、撮影所の敷地で1匹の子猫と出会いました。遠目に見てもどこか様子がおかしいので、気になった私はそばに寄ってみることに。その子の顔を見てみると、「眼球がない？」と思うほど目の粘膜は腫れ上がり、そのせいで視界が悪いのかしょっちゅうふらつき、まともに歩くこともできないほどひどい状態でした。放っておいたら、抵抗力の弱い子猫は死んでしまいます。一刻の猶予も許されない状況の中で、私の心にあったのは「とにかくこの子猫を助けないと」という思いだけでした。撮影が終わるとそのまま子猫を連れて病院に直行し、しばらくこの子を保護することに決めました。

2週間後、子猫は無事に退院。うちに連れて帰り「チロ」と名付け、可愛がりました。すっかり病気もよくなったチロは私によくなつき、私の頬に自分の頬をくっつけて眠るほどの甘えん坊になりました。けれどその当時、私はすでに2匹の猫と暮らしていたので、チロをずっと保護できる環境にはありませんでした。チロをどうするべきか。悩みぬいた末、私は近所のペットショップに頼んで「里親募集」の貼り紙をしてもらい、私の代わりにチロを大切にしてくれる方を探すことに決めました。

2か月が経ち、子猫を欲しいという方が現れました。望んでいた里親さんが現れたのに、私の気持ちはとても複雑でした。お別れの日、チロを手放す瞬間こみ上げるものを抑えきれず、不覚にも号泣してしまいました。

「きっと可愛がってもらえる、チロは幸せになれる」

そう自分に言い聞かせました。けれど、あまりにも号泣している私を心配して、

自身が代表を務める一般財団法人動物環境・福祉協会Evaの設立記念セレモニーの様子。

「そんなにつらいなら断りましょうか？」

と、ペットショップのオーナーが言ってくれました。一瞬心が揺らぎましたが、改めて自分にこう言い聞かせたのです。

「感情に流されてはダメ。ほかにも助けを必要としている動物がきっといる。毎回感情に流されていたら救えなくなる。もらい手の決まった子猫は手放して、また助けてあげないと……」

その頃の私に、「動物愛護活動」なんて意識はまったくありません。けれど、自然とそんなふうに思ったのです。今思えば、あのとき芽生えた動物たちへの「使命感」のようなものが、「動物愛護活動家」としての始まりだったのかもしれません。

動物愛護活動の始まり

そんなチロとの出会いを経て、私はまるで何かに導かれるように捨て猫や飼い主のいない子猫と出会い、保護や里親探しをするようになりました。猫の保護には不妊・

去勢手術の費用や、その他の医療費もかかります。私は、自宅の近所でチャリティーバザーを開催し、私の使わなくなった洋服や小物を売って、医療費に充てました。

最初は近所のバイク修理工場のガレージを借りて行う、小さな規模のバザーでしたが、そのうちご近所から、

「よかったら商品にしてください」

と、寄付の品が寄せられるようになり、バザーはどんどん大きくなっていきました。大量の荷物の搬送にトラックを出してくださるご近所の方や、商品の陳列や販売、バザーの告知を手伝ってくださる方もおられました。そんなご近所の温かな気持ちに、私の活動は支えられていました。

「次はいつやるの？」

と、バザー開催を楽しみにしてくださるお客さんもいらっしゃるくらいチャリティーバザーは定着しました。

そんな活動を始めた最初の頃、猫の保護活動に取り組んでいる動物愛護団体の方と知り合う機会がありました。

ＮＰＯ法人「ねこだすけ」。地域猫制度を推進し、地域猫活動に長年取り組んでこられた東京都内の動物愛護団体です。代表の工藤さんからは地域猫制度を教わり、そのやり方についてご指導いただきました。

「地域猫活動」は、別名「ＴＮＲ」ともいいます。飼い主のいない猫を「Ｔｒａｐ」捕獲し、「Ｎｅｕｔｅｒ」不妊・去勢手術を施して、「Ｒｅｔｕｒｎ」元の場所に戻す活動です。不妊・去勢手術をしないと、猫はどんどん増えてしまいます。猫の糞尿被害などのトラブルにより、猫が害獣扱いされることもたびたびです。

2011年に宮城県の被災ペットを訪ねた時の様子。行政の動物管理センターにて。

年間16万頭以上の犬猫が無惨にも殺処分されていますが、そのうちの大半は子猫です。飼い主のいない猫が産んだ子猫は、住民によって保健所に持ち込まれ、殺処分されてしまいます。殺されるために生まれてきたわけじゃないのに……。そんな不幸な命をなくすために地域猫活動が必要です。

外で暮らす猫は、安全な家の中で暮らす猫に比べ、それほど長生きではありません。病気だけでなく交通事故にあうことも多いのです。そんな飼い主のいない猫たちが一代限り、終生安心して暮らせるよう地域で見守ります。地域猫ボランティアは自治体と連携をとり、猫の糞尿被害で困っている住民の問題解決にも努めなければなりません。

そんな地域猫活動に携わったことが、私の動物愛護活動家としてのスタートでした。

「アントニオ」との出会い

そうして「動物愛護活動家」としての杉本彩がご近所に知れ渡ると、捨て猫や飼い主のいない猫の相談がたびたびくるようになりました。

ある時、

「明日取り壊されて廃墟になる銭湯で、猫が子どもを産んでしまったみたいだから今日中になんとかしないと子猫が死んでしまう、助けてほしい」

そんなSOSがありました。その頃には困った猫たちを助けることが何よりも大切なことになっていた私は、迷うことなく懐中電灯を片手に壊れかけている銭湯に入りました。

暗闇の中、懐中電灯に照らされたのはまだ目も開いていない生まれたばかりの4匹の子猫。警戒心の強い母猫は姿を見せませんでした。母猫のことが気がかりでしたが、とにかく子猫を箱に入れて自宅に連れて帰り、その日から数時間おきの授乳と排泄のケアが始まりました。

親猫不在の授乳期の子育ては本当に大変です。2～3時間おきの授乳で寝不足になりますし、抵抗力の弱い子猫はちょっとしたことでも命を落とします。けれど、幸いみんな元気に育ち、里親さんにもらわれていきました。

ほかには、やはりご近所からのSOSでうちにきた、アントニオという黒猫がいます。アントニオは現在14歳。生後3か月くらいの時、ご近所の方が保護されました。誰かに虐待されていたらしく、ものすごい人間恐怖症でした。少しでも近づこうものならパニックを起こし、カーテンに登ったり壁に激突したりして、大けがをしそうなほどでした。アントニオは後ろ脚に障がいがあるため、その動きは余計に危なっかしく、暴れ狂う子猫にハラハラさせられました。保護したものの、そんな状態ではお手上げだと相談を受けたので、うちで様子をみることにしたのです。けれど、聞いていた以上にすごくて、私もなす術がありませんでした。私にできることは、猫と無理やり距離を縮めたりせず、とにかく根気よく優しく見守ることだけでした。猫が恐怖やストレスを感じそうなことは絶対せず、静かに過ごすこと。それだけです。

3か月が経った頃、アントニオがようやく私にだけ心を開き始めました。少しずつ距離を縮めて、私に対してだけ体を

今では安心して心を許すアントニオ。

触らせてくれるようになりました。

「この子は私が終生面倒みるしかないなぁ」

乗りかかった舟には乗り続けるしかない、という半ばあきらめのような気持ちもありました。けれど、実はこのアントニオとの出会いが、のちに私の心を救うことになるのです。そのお話については後述いたします。

楽しい我が家

その後も、とにかくいろんな事情のある猫や犬が我が家にやってきました。別の方に里親として迎えていただくこともあれば、私の家族として暮らす子もいます。だから我が家は大家族です。たくさんの猫たちを今まで天国に見送ってきましたが、現在は9匹の猫と3匹の犬と暮らしています。みんな大切な我が子のような存在です。

彼らの生い立ちはさまざまで、みんな保護された犬と猫です。我が家では、みんな一緒に穏やかに暮らしています。その光景に、うちに来るお客様は皆一様にびっくりされます。彼らが一緒に過ごしている様子を見ると、お互いが助け合い、共生していかなければならないことを知っているかのように感じるほどです。特に、種類の違う犬と猫がくっついて一緒に眠る姿や、猫が犬にスリスリして甘える光景は、本当に微笑ましいものです。

みんなで仲良く過ごす、杉本家の家族たち。

「小梅」のこと

私の家で暮らす3匹の犬のうち、パピヨンの小梅は2010年に11歳で民間の施設から迎えました。続いて2012年に、5歳のフレンチブルドッグの「きなこ」、その数か月後には5歳のチワワの「でんじろう」が加わりました。この3匹は、経営破綻した繁殖業者の「パピーミル（子犬生産工場）」と呼ばれる所で、繁殖犬として劣悪な環境に置かれていましたが、そこから保護された犬たちです。

パピーミルでは、犬たちは子犬を産むだけのただの道具として扱われます。そこでは動物たちへの思いやりは一切なく、彼らは小さなケージに閉じ込められ、遊ぶことも人に可愛がられることもありません。

この世に生まれた喜びも知らないまま、何度も何度も繁殖だけを強いられる繁殖犬……。子を産めなくなった繁殖犬の飼い主になってくれる人を探す試みもありますが、モラルなき繁殖業者はそんな老いた犬たちを遺棄するか殺処分するのです。

悔しいことに、犬や猫を商売の道具としてしか見ない、悪質な業者が少なくありません。日本では、ブリーダーの資格制度がなく、知識や経験がなくてもよいのです。お金儲けのために、誰でも登録さえすればブリーダーになれるという、無法地帯も同然の社会です。動物愛護管理法があっても、法律は十分に機能していませんし、監視や管理の体制も不十分です。

そして、繁殖業者が生産した子犬や子猫は、ペットオークションに出されます。オークションでは、生後8週齢にも満たない小さな子たちがモニターに映し出され、競りが行われます。子犬にとっては、親や兄弟と触れあうことで学ぶ、社会化の大切な時期です。それを奪われてしまうため、情緒面に問題の発生するリスクが高くなります。もちろん健康面においても同じです。

小売り業者のペットショップの大半が、このオークションで子犬や子猫を仕入れます。仕入れは驚くような安い値段なので、繁殖業者は薄利多売で、とにかくたくさん子犬や子猫を生産して売りたいのです。

日本における動物の生体展示販売、またブリーダーについての規制は、動物愛護先進国のヨーロッパにはまったく及びません。このような「命」が「物」として扱われてしまう日本の現状に、もっと多くの人が目を向けてほしいと強く思っています。

そんな繁殖犬として扱われてきた小梅は、うちに来た当初、ふかふかのマットやベッドには怖くて乗ることができませんでした。10年近く、繁殖場のケージの中の硬い床でしか眠ったことがなかったからです。初めてのものすべてが怖かったのでしょう。当初はオモチャや小さな物音もダメでした。犬や猫は、当たり前のように心地よいベッドが大好きだと思っていた私は、本当に驚きました。そして、そんな当たり前のことも当たり前でなくなるような小梅の過酷だった生活を思うと、胸が張り裂けそうになりました。

11歳でようやく、家庭の中で家族の一員として暮らすことになった小梅……。人の動きさえ怖がって、なかなか正面から目を合わせてくれませんでした。そんな小梅の老後を、今までの苦労を忘れるくらい幸せなものにしてあげたいと思い、ずっと愛情を注いできました。

最近では、小梅はそんな過去を微塵も感じさせないくらい、優雅なお姫様のような犬になっています。現在15歳ですが、まだまだおばあちゃん犬といった感じではなく、嬉しいときはバンビちゃんのように軽やかに走ってきます。3か月、半年、1年……。少しずつ変化を見せ、今では全身で喜びを表現し、過去を感じさせないくらい明るくなりました。

ハワイのドレス、ムームーを着てお姫様気分の小梅。

「きなこ」と「でんじろう」

フレンチブルドッグのきなこは比較的若い年齢で保護された子で、もともとの性格も手伝ってか、小梅のように激しいトラウマはありませんでした。たまにぼーっと壁を見つめて動かない姿を、最初の頃は目にすることがありましたが、そんなきなこも、最近ではすっかり印象が変わっています。きなこは長く民間の施設にいた子ですが、施設でどれだけ可愛がられ大切にされていても、やはり家庭に入るのとはまったく違うのでしょう。家庭に入ってからは、きなこもまた、小

フレンドリーでマイペースなきなこ。食べることとお昼寝が大好きだ。

大好きなガムをくわえたまま眠るきなこ。

梅と同様に自分を表現するようになり、表情豊かになりました。当初はときどきあった持病の腰痛も、今ではまったく大丈夫です。

でんじろうも民間の保護施設で出会いました。施設の犬舎を訪ねたとき、ワンワンと勢いよくアピールする他の小型犬と違い、動きには元気がなく、シャイでおっとりした印象を受けました。そんなでんじろうのケージの前を通ったとき、私が気になって手を差し出すと、申し訳なさそうな顔をしながらゆっくりと前脚をケージの間から出し、私の手を引き寄せたのでした。そして、でんじろうを抱っこした瞬間、私の心の奥に言い知れぬ幸福感が生まれ、この安らかな気持ちにしばらくの間、身動きができなくなるほどでした。

「すぐにでもこの子を引き取りたい！」

そんな気持ちが私を襲いましたが、すでにたくさんの犬と猫を抱える私が、自分の

ママの行くところ、どこにでもついて行くでんじろう。

気持ちだけですぐにその子を迎えることを決断するわけにはいきません。そのときは犬を探しに施設を訪れたわけではなかったので、まさかそんな気持ちになるとは思ってもみず、私にとって想定外の出来事でした。

私にとっての「でんじろう」

家に帰ってもでんじろうのことが頭から離れませんでした。あの子を迎えられたらどんなに幸せだろう、と一瞬頭をよぎりましたが、

「自分の都合より動物たちの幸せを優先しなければ」

と常に思っていますから、そんな私にとって、そういう迎え方は自分としては認められないものでした。

「感情に流されてはダメ…」

20代の頃に、自分に言い聞かせたあの言葉が、心の中に刻まれています。そんな私が、でんじろうを迎えることになったのは夫の強烈なすすめでした。それは、なかば

強引ともいえるほどのすすめでした。

その頃しばらくの間、私が家族問題で意気消沈していたことがあったのですが、ほんの少し経つと気持ちも落ち着き、自分ではそんなことには心煩わされることなく元気でいたつもりでした。しかし、夫にはそう映っていなかったのでしょうか、あれほど心から幸せそうな私を見たことがなかったそうです。

でんじろうとの出会いから数か月後、私はようやくでんじろうを迎える決心をしました。そして、でんじろうによって私は大きく変わりました。一言でいうと、「本当の意味で強くなった」と思います。そのきっかけは、でんじろうのけがでした。

チワワは膝関節が外れやすいため、脚は気をつけなければいけません。けれど、でんじろうがアスファルトを走ってしまったとき、前十字靭帯を断裂してしまいました。芝生の上で散歩させてやれなかった私の責任だと、でんじろうに対して本当に申し訳ない気持ちでいっぱいになりました。医師の話では、小型犬はそのような場合でも手術しないほうがよいとのことで、私も手術は避けたいという考えでした。

そこで、私がいつも通っている整体の先生にでんじろうの治療をお願いしました。

もちろん人間の整体師なのですが、犬も治療したことがあると聞き、でんじろうの外れた膝関節を矯正してもらったのです。そして膝をサポートするために、その上から筋肉がつくようプールでのリハビリに通いました。その効果あって、今はしっかり歩いたり走ったりできています。もちろん、前十字靭帯の断裂そのものが完治したわけではありませんから、走るのに支障のないよう定期的に膝の矯正をしています。

でんじろうのためにも、もちろん小梅ときなこのためにも、環境のいい芝生で散歩をさせるために、2013年、45歳にして車の運転免許を取得しました。私のことをよくご存じの方は、私が車の運転免許を取得したことに、ものすごく驚かれます。私の人生で、車社会に参加する可能性はゼロどころかマイナスの勢いでしかありませんでした。方向音痴、地図は読めない、車の車種も知らない、機械系統に弱い、運転に一番向いていない人間だと自分でも認識していましたから……。

しかし45歳の夏、現在の住まいである京都市内で、大学生の若者たちに混ざり教習所に通いました。そして、ストレートで運転免許を無事に取得！　時間の許す限り、3匹を若葉マークのマイカーに乗せて、京都御所の周りの御苑で散歩をしています。

現在では運転免許の取得から1年が過ぎ、さすがに若葉マークは外れていますけどね。

とにかく、私はでんじろうによって自分の中の眠っていた可能性を引き出され、新たな世界の扉を開いたのです。自分で思っていた自分とは違い、意外にも運転は不得意ではなかったようです。自分ひとりでは変わることのなかった世界も、大切な存在のおかげで変えることができるということを私は身をもって体験しました。人は愛によって強くなり、愛によって変わるものだと、心の底から思います。「でんじろうのために」と思い

パートナーとしてお互いを心の底から信頼している様子のふたり。

立って取得したこの運転免許は、これからの私の動物保護の活動においても、大いに役立つことでしょう。

動物たちが幸せな一生を送るために

こうして動物たちと向き合っていると、日々感じることがあり、いろんなことを教えられます。人と関わりをもって生きている動物たちは、人によってその暮らしが天国にも地獄にも変わります。だからこそ、私たちは動物たちに対する知識をしっかり身につけ、無知や不注意、無責任な飼育放棄によって動物たちを苦しめることのないように、細心の注意を払い、命に対する責任をまっとうしなければなりません。命と向き合っていると、常に反省と勉強のくり返しです。そのことで自分とも向き合わなければならない場面もあります。

さらに動物たちの持つ力はこれだけにとどまりません。生きているとさまざまな困難があり、人生には数々の試練があります。正直、人との関わりの中で、愛することに挫折しそうになることもかつてはありました。そんなときも、愛することを諦めず、愛を至上のものとして生きてこられたのは、愛することの幸せとその価値を教えてくれた動物たちの存在があったからです。私が動物たちを救っているつもりでも、本当は私が彼らに救われているのだと今では思います。私は、動物たちが人に与える大きな素晴らしい力をいつも感じています。そんな彼らに、感謝をこめて少しでもお返しがしたいと思うのです。それは、うちの子たちに限定されたものではなく、人を支えてきたすべての動物たちにお返しがしたいと思うの

いつも一緒の仲良し3匹。どこに行くにも何をするにもみんな一緒。

です。

人の利益や身勝手のために、厳しい環境で生きることを強いられてきた動物たち……。うちにいる我が子同然の犬や猫たちと同様、またそれ以上にたくさんのトラウマを抱えている保護犬や保護猫もいます。けれど、その子たちも時間と愛情をかければ、また心を開いて本来のイキイキとした姿を取り戻してくれるのです。今まで不幸だった分、その時間を取り戻せるくらい幸せにしてあげたい……。

「しっぽの生えた天使ちゃん」と、彼らをそう呼ぶ人もいます。私にとっても、動物たちは神様の使者のように感じるほど、大切なことを気づかせてくれる素晴らしい存在です。そんな彼らの汚れなき純粋なまなざしがこちらに向けられるたびに、いとおしさがあふれてきます。

多くの人が、私と同じように彼ら動物たちの素晴らしさを知り、心から愛し可愛がっています。そうした人たちは、たとえペットが病気になっても、年老いて介護が必要になっても、共に生きてきた家族を見捨てたりはしません。しかしその一方で、多くの人が無責任な飼育放棄をしていることも事実です。その理由は耳を疑うようなものです。

引っ越しするから……

赤ちゃんができたから……

吠えて困るから……

介護をしたくないから……

しつけができないから……

病気になったから……

噛んだから……

ペット禁止のマンションでばれたから……

子犬や子猫が生まれてしまったから……

どれも人間の身勝手な理由で、すべて人間の責任で生じた問題で、ちょっと考えれば想定内の話ばかりです。

こうした無責任な飼い主の飼育放棄の多さを、殺処分の数がもの語っています。飼育放棄の背景には、命の衝動買いを促すことにつながる生体展示販売の問題があります。ペットショップのショーケースに展示され販売されている子犬や子猫の大半は前述した繁殖場からペットオークション会場に持ち込まれ、ペットショップが競り落として仕入れるのです。

生体展示販売に対する規制や適切なルールもほとんどありません。いまでこそ規制がかかりましたが、以前は繁華街のペットショップが深夜まで酔っ払い相手に犬や猫を販売する光景もよく目にしました。正気を失い冷静な判断のできない酔っ払いに、以前は大切な命を販売していたのです。小さくてぬいぐるみのように可愛い子犬や子猫をお客に抱っこさせ、この上ない幸福感を与え衝動買いを促すという卑劣なやり口です。考えただけで恐ろしくなります。

ペットショップは販売する際に、飼育の仕方やその生態について18項目の内容を説明しなければなりませんが、それを怠ったとしても罰則があるわけではありません。そうした説明をするとお客が正気に戻ってしまいますから、子犬や子猫を抱っこさせてお客が幸福感に浸っている、いわば正気を失って正常な判断ができない間に売りたいのです。

また、大きくなるにつれ、商品としての価値がなくなってきた子はどんどん値段を下げて販売されます。けれど、最終的にそれでも売れ残った子たちがどういう運命をたどるのか想像するのは難しくないと思います。繁殖犬・繁殖猫は、繁殖する力がなくなったら、繁殖の道具としての価値もなくなります。そんな道具として扱われてきた子たちの運命もまた悲惨なものです。

これらの実態を知ってもらえれば、ペットショップに並ぶ子犬や子猫を見て「可愛い」と手放しに喜ぶことはなくなるはずです。「可愛い」というより、「かわいそう」というほうが、健全で正常な感覚だと思います。

法律の整備されていないペット産業に、とにかくあらゆる形でお金儲けしようといろんな人や企業が参入してきました。大手スーパーやホームセンターという、相応しくない場所で、命の売り買いが平然とされています。その結果、そんな人間のモラルなきビジネスの犠牲になるのは、いつも動物たちです。

犬や猫たちには感情があり、心があります。心から信頼していた大好きな飼い主に、突然捨てられ、裏切られた動物たちの不安と悲しみを思うと胸が痛みます。また、昨今増え続ける動物虐待・殺傷事件の犠牲となった動物たちの恐怖と苦しみと痛みを思うと、どうしようもない苦しさに襲われます。人間が犯す、この世で最も醜い卑劣な犯罪のひとつは動物虐待だと私は思います。自分よりはるかに弱い存在を痛めつけていい理由などあるはずもないからです。動物虐待をするような人にとっては、その行為はただの憂さ晴らし、または異常な心理による好奇心のどちらかでしょう。

個人のモラルだけではなく、行政が行っている二酸化炭素ガスによる殺処分もまた、動物たちに激しい苦しみを与え

繁殖場の崩壊の様子。劣悪な環境に置かれていることがわかる。
（写真提供:長崎Life of Animal）

るものであり、非常に大きな罪を犯し続けているのです。動物たちの命の尊厳が軽んじられる社会に、人の本当の幸せなどありません。一刻も早く、せめて二酸化炭素ガスによる酷い殺処分を廃止してほしい、そして人と動物が共生できる幸せな社会を実現したい……。そんな罪なき動物たちを救いたいというシンプルな思いが、私をこの活動に駆り立て、私の活動を支えています。

ペットを迎える前に

ペットを迎える時は、保護施設から。
ひとつの命に対して、天国に見送るまで責任をもってお世話をしましょう。

自分に何かあってお世話することができなくなった時の
「もしも……」のことを考えて、
ペットの次の行き先を準備しておいてください。

イラスト：うさ

1

ペットショップではなく、保護施設から動物を迎えてください。ペットショップの子犬や子猫は、どこで生まれ、どんなふうにペットショップにやってきたのか、その生産と流通についてご存じですか？

2

ペットショップに並ぶ子犬や子猫の親（繁殖犬、繁殖猫）は、名前を呼ばれることもなく、可愛がられることもなく、外で遊ぶこともできません。繁殖場の狭くて硬いケージの中で一生を過ごします。

3

何度も何度も可能なかぎり、子どもを産む道具として、無理な出産をさせられます。
大量に売らないと、ペット生産業者（繁殖場）が儲からないからです。

4

お母さんのお乳が必要なのに……。
小さいほうが売れるという理由で、母親からすぐに取りあげてしまいます。

5

本来、子犬や子猫は、兄弟たちと遊んだり、母親とふれあうことでたくさんのことを学びます。

6

小さいうち（生後8週齢前後）に母犬や兄弟と引き離されると、将来の健康や性格に、悪い影響を及ぼします。

7

母親と引き離された子犬や子猫は、オークション会場に運ばれます。

ひとりぼっちで不安な子犬や子猫は、大勢の人に囲まれて品定めされます。売れ残った子犬や子猫は…、

8

デパートやスーパーの移動販売で安売りされます。

9

まだ抵抗力のない子犬や子猫にとって、長時間の移動は過酷です。この間に命を落とす子もたくさんいます。

10

大勢のお客さんが一気に押し寄せるので、売るときの説明や確認が不十分になります。
結果的に、子犬や子猫について学んでいない飼い主は、「こんな大変だと思わなかった」と、無責任に捨てる人が増えてしまいます。

11

オークションでペットショップに落札された子犬や子猫は、狭いショーケースの中で、ひとりぼっちで昼も夜も過ごします。

本当ならお母さんや兄弟と安心して楽しく過ごせたはずなのに……。

12

オークションで仕入れられた子犬や子猫は体調を崩し、ペットショップで展示される前に命を落とすこともあります。
安く仕入れた子犬や子猫を、高い医療費を使ってまで治療しないというペットショップもあります。

13

売れなくて大きくなり、引き取り手がなければ殺処分されてしまいます。
まるで物のように……。
このように計画性のない子犬や子猫の販売には、必ず売れ残りが生じます。

14

命をバーゲンセールする日本の市場……。果たしてこれはモラルある社会の姿でしょうか?
民間や行政の保護施設には、たくさんの犬や猫が新しい家族を待っています(個人で犬や猫を保護している方もおられます)。ペットを迎える方は、ペットショップではなく、保護施設から動物を迎えてください。

Column 1

明日から始める動物愛護①

「動物愛護」とは、たとえば自分のペットに注いでいる愛を他の動物にも平等に注ぐことです。出会った動物たちすべてに対して幸せな気持ちを感じたり、心を痛めたりできるなら動物愛護の芽は出ています。

動物愛護活動にはさまざまな関わり方がありますが、ここでは「一時預かりボランティア」を紹介したいと思います。無責任な飼育放棄や経済的または健康面などの事情で面倒を見られなくなった動物たちは、行政の動物収容施設に送られますが、その収容スペースはもちろん無限にあるわけではありません。収容できる限界を超えれば、動物たちは殺処分されてしまいます。そんな動物たちを民間の動物愛護団体が引き取り、命をつなぐ活動をしています。しかし、民間の保護施設の収容頭数にも限界がありますから、ボランティアとして登録している方が、飼い主が見つかるまで自宅でお世話するのが一時預かりボランティアです。

一時預かりボランティアの詳しい内容については、2章のコラム「明日から始める動物愛護②」(p62)で続きを述べたいと思います。

Chapter

2

本当のさよなら

「エルザ」の死

２００1年5月16日、私は悲しみの中でもがいていました。10年間ともに暮らした愛猫エルザがこの世を去った日でした。少なくとも5年、何事もなければ10年は生きていてくれると思っていたのです。その頃の私は、人生の迷路に迷い込み、出口を見つけられずにいました。

私が32歳の頃でした。

家族の問題や自分の結婚についても多くの問題を抱え、落ち着かない心と生活に、あらゆる面で余裕がありませんでした。エルザの体調の変化に気づくのが遅れてしまったのは、そんな私の未熟さゆえだと思います。

変化に気づいて病院に連れていったときは、心臓の病気はかなり進行していました。しかし最初は、入院をして治療したら元気になって帰ってくると、何も疑いませんでした。入院から数日後、病院から連絡を受け、病状が悪化していることを知り、初めて事の深刻さに気づいたのです。専門的な高度医療が必要と感じた私は、半ば強引にすぐに大学病院へ転院させました。

しかしすでに手遅れで、転院したその日にエルザは亡くなりました。私が帰ったあと容態が悪化し、病院から呼び戻されましたが、間に合いませんでした。

「もっと早く気づいて転院させていれば助かったかもしれない」。「病院から出なければ、せめて最期の瞬間に一緒にいてあげることができたかもしれない」。自分の問題に囚われて周りが見えなくなっていた自分に気づき、自責の念と後悔で押しつぶされそうになりました。

毎日私と一緒に寝ていたエルザ……。

私が寝室に行くとき、全身で喜びを表しながら足にまとわりついて追いかけてくる甘えん坊でした。私を心から信頼してくれていたそんなエルザの姿を思い出し、胸が苦しくてたまりませんでした。一緒に寝てあげられない日々が続き、ずいぶん寂しい思いをさせてしまったはずです。私は、その信頼を裏切ってしまったかのような思いに陥りました。そして、自分の愚かさを思い知らされました。

病院からエルザの亡骸を胸に抱きしめて帰り、大好きだったベッドで、私の胸に抱いて眠らせてあげました。私の心に重くのしかかった後悔と自責の念は、悲しみと苦しみをどんどん増幅させせました。

「時が悲しみを癒してくれる」。人はよくそう言います。私もそんな「時」の力を信じているひとりでしたが、この時ばかりは、とてもそんなふうには思えませんでした。けれど、あまりに苦しい現実に、「時」にすがるしかなく、とにかく時間が加速して過ぎてくれることを願わずにいられませんでした。

食事は喉を通らず、毎日泣き暮らしました。

何を見ても、何を聞いても、どうでもよくなってしまい、まったく気力が湧いてきません。毎日が苦痛でしかありませんでした。食事が喉を通らなくなってしまったので、私の体重もおそらくかなり減っていたと思います。仕事で誂《あつら》えていた衣装のウエストを9センチも詰めることになりました。

今もあの後悔の苦しみを昨日のことのように思い出すことがあります。思い出すことで、後悔のないように命と向き合わなければ、と思うからです。それは同時に、自分自身の人生も後悔のないように、一日一日を大切に生きなければ、という思いにつながっています。

後悔の苦しみと命のはかなさを知り、後悔なく命と向き合うために自分がどう生きるのか……。

エルザの死は、とても大切なことを教えてくれました。

「アントニオ」に助けられて

そんな大切なメッセージに気づくことができるまで、私の心が回復したのは、第一章にも記したアントニオの存在が大きかったと思います。

後ろ脚の不自由な子猫のアントニオは、手がつけられないほどの人間恐怖症でした。近所の方からのSOSで引き受けなければならない状況になったことがきっかけではありますが、何とかしてこの子の傷を癒したい、救ってあげたい、と必死に向き合っているうちに、少しずつ、自分の気持ちが前を向き始めたのだと思います。

そのうち、私だけがアントニオに近づくことができるようになり、アントニオが私に見せた信頼が、私の苦しみを和らげてくれました。

エルザの信頼に十分に応えてあげられなかったという思いを引きずっていた私に、もう一度、自分を信じることのチャンスをアントニオによって与えられたような気がします。あの時、アントニオに出会うことができて、本当に救われました。

人と人との出会いもそうですが、人と動物との出会いも、必ずそこに意味があり、偶然というより必然のようにさえ思うことがあります。

それぞれとの出会いには、いつも何かしらのメッセージがあります。時には、その出会いが導きとなり、人生を変えるほど重要な意味を持つことがあります。

たくさんの犬や猫たちとの、出会いや別れを通して感じたことです。

「さくら」との出会い、それから……

そんなエルザの死とアントニオとの出会いから10年……。

動物愛護活動を続ける中、講演に招かれた行政の施設から、6匹の飼育放棄により持ち込まれた猫たちを引き取ることになりました。私が講演するその日に持ち込まれた猫でした。同じ人が持ち込んだ4匹の猫の体には、数か所、虐待と思われる跡があり、みんな心を閉ざし、とても怯えていました。

6匹のうちの1匹は、足に障がいがあり、歩くこともできず、小脳の障がいにより、小刻みに頭が揺れていました。さらに、エイズキャリアでもあり、どう考えても里親を見つけることが不可能と思われ、殺処分の運命を免れることは難しいだろうと思いました。

実は、この日が動物愛護の初めての講演の日で、行政の施設を実際に訪ねるのも初めてでした。こうして縁あって出会ったこの子たちの命から、どうしても目をそらすことができませんでした。冷静に何度も自分に問いかけましたが、何がなんでもあの6匹の命をつなぎたいという思いは変わりませんでした。

そして、車で4時間の道のりを走り、数日後、再び施設を訪ねたのでした。

介護を必要とする動物を引き取ることが、どれほど大変なことかはよく理解していましたが、それでも引き取らなかったことを後悔するくらいなら、どれだけ大変でも介護も含めてすべてを受け入れ、後悔なく納得いく選択をしようと思ったのです。

6匹のうち1匹の子猫を「さくら」と名付け、とても可愛がりました。

引き取った当初は私のオフィスにいたのですが、さくらはいつも窓際で、心地よい風を受けながらお昼寝したり、外の猫ちゃんたちと見つめ合ったり、とてもリラックスして毎日を過ごしていました。

ブラッシングしているとき、目を閉じて気持ちよさそうにしているさくらを見て、「さくら、幸せだね～」と、思わず私も幸せな気分に誘われるほど、さくらの存在は、私やスタッフみんなの癒しでした。

男の子なのにさくらと名付けた名前の由来は、さくらがオフィスにやって来た頃、いつも眺めていた窓からの景色が、満開の桜だったからです。ついこの間まで過ごしていた窓のない部屋の冷たいケージの中の景色とは一変、暖かな春を感じて過ごしているさくらは、幸せそうに見えました。

私の選択は間違っていなかった……。そう思える瞬間でした。

さくらは、約7か月をオフィスで過ごし、その後、私の自宅で過ごすことになりました。小刻みに揺れる頭を一生懸命支えながら、たくさんごはんを食べるその姿は、とてもたくましく、生きる力にあふれていました。

ごはんを食べたあとは、口の周りがとても汚れてしまいます。食事のあとは、自分でグルーミングできないさくらをきれいにしてあげなければなりません。そして、四肢の麻痺により立ち上がることさえできないさくらのために、車いすをオーダーメイドしました。寝たきりでは内臓にもよくないからです。車いすがきてからは、食事も車いすの上で、体を起こして食べさせました。食後は、車いすの上でお昼寝するのがさくらの日課でした。

さくらはいつも、リビングの一番日当たりの良い窓辺で、一緒に暮らす犬や猫たちに囲まれていました。ぽかぽかと暖かな昼下がりに、みんなでお昼寝する姿は、本当に微笑ましいものでした。

さくらを行政の施設から引き取って、2年が経った頃には、食欲はあるものの、さくらの体はずいぶん痩せていました。徐々に筋肉が落ちてきて節々も硬くなってきました。そしてとうとう、寝返りも打てなくなってしまい、床ずれができてしまいました。床ずれを治すために、いろいろな工夫を凝らしました。床ずれ防止の体圧分散マットを敷いたり、車いすに乗せる回数を増やしたり、皮膚の再生を促すサプリメントを使ったり、病院に通院しながら、湿潤療法を行いました。それでも、さくらの体から、どんどん自由が奪われていく中、体や手足を温めてマッサージをするなど、とにかくさくらが少しでも苦痛なく過ごせるよう全力を尽くしました。

自力で排泄することができなくなったさくらのお腹を圧迫して排尿や排便をさせるなど、すべてに人のフォローが必要となりました。確かに大変な介護ではありましたが、夫の母の助けも借りて、さくらにできる限りのことをしてあげられたと思います。

それから約半年後の２０１３年9月25日に、さくらは天国へ旅立ちました。いつものように、車いすに乗ってごはんを食べて、すやすやとお昼寝しながら、静かに息を引き取りました。やさしい光の入るぽかぽかと暖かいリビングの窓辺で、最期は苦しむことなく、お昼寝しながら旅立ちました。体の床ずれもすっかり治り、亡くなる2週間前には、久しぶりにトリミングにも行って、とてもきれいでした。

もちろん、長生きは難しいだろうと覚悟していましたが、まさか、その時がこんなに突然やってくるとは思いもしませんでした。けれど、さくらが元気でいることは、当たり前のことではないという思いがいつもあり、「一日が一生」というつもりで、いつ何があっても、決して後悔しないよう取り組んでいました。

その甲斐あって、きれいな姿で見送ってあげることができて、納得のいくお別れができたことは、私の大きな励みにもなりました。

一生懸命サポートしてくれた夫の母にも、感謝の思いでいっぱいです。さくらとの2年半の年月は、私の人生の中で、かけがえのない思い出であり、多くのことを教えてくれました。

それは、私が幸せに生きていくための、私にとってとても大切なことでした。体が動かないという未知の世界に想像力を働かせ、こまやかな配慮と思いやりがなければ、床ずれという、つらく不快な思いをさせてしまうという教訓も得ました。

そして、どんなに困難な状況でも、ごはんを食べて、一生懸命に生きようとするさくらの姿から、私はたくさんのことを感じることができました。

「生きる」とは、本来とてもシンプルなものだということを教えられました。複雑な思いに心煩わされるより、とにかく毎日を一生懸命生きればいいのだ。それだけで価値あることなのだ。さくらの生きる姿は、そんなふうに語っているような気がします。

そんな姿に感銘を受けながらお世話する中で、喜びや、幸せを感じることのできる自分がいた時、私は、さくらの存在の大きさを改めて感じたものでした。さくらは、私にたくさんの「愛」と「気づき」という贈り物を残して、みんなに愛され、安らかに天国へと旅立ったのです。

愛すること。

生きること。

受け入れること。

そんな大切なメッセージを伝えるため、私のところに来てくれたのかもしれません。

車いすで過ごすさくらの様子。天国では走り回っているのだろう。

私には、さくらは神様の使者のような気がします。さくらとの思い出や、さくらを通して教えられたことは、私の心の奥深くに、しっかりと刻まれています。

「さくら……本当にありがとう。さくらとの思い出は、私の大切な宝物だよ」

私はこの言葉をさくらに贈り、さくらを見送ってあげました。

この世で今まで不自由だった分、天国では思いっきり自由に走り回って、高いところにもいっぱい登って、自由であることを、心から楽しんでほしいと願っています。

命と向き合うということ

2011年3月11日、東日本大震災が発生し、人だけでなく多くの動物たちの命も奪われました。

震災から3か月が経とうとしていた頃、被災地の宮城県から一本の連絡が入りました。電話は、被災した犬や猫の保護活動を個人でされている方からでした。

津波で流されてきた11匹の猫たちを、骨組みだけ残った建物の中で保護されているということでした。行政や民間の施設に収容してほしいと問い合わせたそうですが、被災地の施設はどこもいっぱいで、あと6匹の行き場が見つからないと途方に暮れておられました。

そのお電話を受ける少し前に、偶然にも宮城県内の保護施設へ救援物資を持って訪ねることが決まっていました。運よくうちで保護していた猫たち4匹が里子に出たばかりで、我が家とオフィスのミニシェルターはちょうど空きが出たところだったので、最後に訪ねた宮城県動物愛護センターでその方と待ち合わせをし、6匹の猫たちを引き受けました。宮城県多賀城市大代《みやぎけんたがじょうしおおしろ》というところで保護していたそうです。

ケージの中の猫たちは怯えた目でこちらを窺《うかが》い、みんな身体を硬くして身を寄せ合っていました。津波や地震を経験し、たくさん怖い思いをしてきたのでしょう。飼い主がいるのか、飼われていた子なのか、何もわかりません。私は6匹の猫たちを引き受けて東京へと戻りました。

家に来てからも最初は怯えていましたが、徐々にリラックスして、本来の性格を見せてくれるようになりました。かなり臆病な子もいましたが、基本的には人にも友好的で、触っても撫でても大丈夫なことから、おそらく誰かに飼われていた猫だろうと思いました。

東京の病院で検査して驚いたのは、4匹いたメス猫たちがみんな妊娠していたことでした。おそらく2週間以内に生まれると言われ、我が家とオフィスのミニシェルターは、間もなく始まる出産ラッシュのため、準備に追われました。

その中の1匹だった「花子」は、まだ生後6か月にも満たないと思われる、とても若い猫でした。体もとても小さくて、花子の妊娠には驚かされました。

その年の8月、小さな花子から、1匹だけ子猫が生まれました。子猫には、「コタロウ」と名付けました。

花子とコタロウはいつも一緒でした。コタロウは、すぐに花子より大きくなりました。それでも花子のお乳から離れません。里親さんを探してはいましたが、母子を引き離すのはかわいそうに思えるほどでした。

けれど、花子を迎えたいと言ってくださる方がいたので、そのつもりで準備していたら、花子に、子宮の内部に膿がたまる子宮蓄膿症《ちくのうしょう》が見つかり、手術することになりました。そんなことで結局、花子はうちに残ることになったのでした。

それからしばらくして、花子は激しい下痢をするようになりました。コロナウイルスの影響です。病院でどんな治療を受けても改善することはありませんでした。

フードもいろいろ試しましたが一切効果はなく、サプリメントも同じく、花子には効きません。毎日が下痢との闘いでした。

水のような下痢が止まらず、飛び散った排泄物の掃除に追われる日々が、本当に長く続きました。朝起きると、花子の身体は排泄物にまみれて汚れているので、毎日洗わなければなりません。肛門は炎症を起こして赤く腫れ上がり、おしりを拭くのも痛そうでした。

花子を里親さんに譲渡しなくて、本当によかったと思いました。花子が大変なのは

ひとり息子のコタロウに寄り添う花子。母としての愛情に満ちた表情がみてとれる。

もちろんですが、お世話をする私や夫の母も、本当に大変だったのです。とにかく、なんとか下痢を治してあげたいといろいろ試しました。

そんな時、ホモトキシコロジーと呼ばれる治療法に出合いました。ホモトキシコロジーとは、病気の原因である、体に有害な毒素「ホモトキシン」を中和・解毒し、除去するために、弱った防御系や自然治癒力を補助・活性化させるという理論です。症状に合わせて、製剤をいろいろと組み合わせ与えます。

根気よく与えること数か月……。花子の肛門の炎症は治まり、炎症の痛みから解放されました。

けれど、下痢は相変わらず続いていたので、療法食も効果がないなら手作りフードを試してみようと思い、鶏肉を中心に野菜などを混ぜながら作ったフードを与えました。犬たちには、毎日手作りフードを与えていたので、それをベースに、食の細い花子にも食べやすいよう配慮しました。

フードを手作りにしてから数日後、花子の便が以前よりは固まるようになり、便の回数も少しずつ減っていきました。食べ物を吸収することができず、どんどん痩せていった花子でしたが、手作りフードにより下痢の症状がいく分和らいだためか、少し体重も増え、一時は安定した状況でした。そばにいる飼い主にしかわからないことやできないことがあることを改めて感じました。

しかしそれから1年、虚弱でもともと食の細い花子の食欲がさらに落ちたことが原因で、急激に痩せてしまいました。

花子が息を引き取ったのは、それから2週間くらいだったでしょうか。

２０１４年9月24日のことでした。

私は、その時ちょうど動物愛護週間で長崎市に招かれ、講演や施設を訪ね、活動していた最中で、夫の母から、いよいよ花子が危ないという連絡を宿泊しているホテルの部屋で受けました。

「お母さん、花子、苦しんでないですか？　花子をよろしくお願いします」

涙があふれ、声をあげて泣きました。予定を全部キャンセルして、今すぐ帰りたいと思いました。けれど、たくさんの不幸な犬や猫たちの現状をこの目で見て、それを伝え、私がやらなければならない使命があると思いました。虚弱な花子が長生きすることは、難しいとわかっていました。

命にはいつか終わりがくることも……。

けれど、どれだけわかっていてもやっぱり悲しいし、寂しいし、別れはつらいものです。愛していれば愛しているだけ、悲しいものです。胸が張り裂けそうになります。

命の終わり方も、別れ方も、ひとつとして同じものはありません。命と向き合っていると、常に反省と学びのくり返しです。そんな経験を通して、私はこう思います。

「その時が来るまで、最善を尽くしてがんばろう」

「自分がしっかりと生きて、見送ってあげられることに感謝しよう」

「そしてまた、縁あって出会った命を大切にしよう」

いつかくる別れの日のために、私はそう心に誓って、毎日を大切に生きたいと思っています。

4年ほどの短い一生だったが、幸せに命をまっとうした花子。コタロウは現在も元気に過ごしている。

Column 2

明日から始める動物愛護②

一時預かりボランティアになるには審査が必要ですが、基本的には誰でもなることができます。一時預かりボランティアがひとりいれば、ひとつの命が助かります。慣れている方であれば、常時２～３匹を預かっている人もいます。一時預かりボランティアの初心者なら、お世話しやすい子を任されるでしょう。ベテランのボランティアさんなら、心や体のリハビリが必要な子を担当されることが多いです。家庭の中で愛されて生活することは、動物たちにとって大切なリハビリ期間になっています。日々の生活の様子などをブログなどで発信される方も多く、その子の性格や特徴が見ている人に伝わりやすく、また、その子との生活が想像できるため、里親さんが見つかりやすいという利点もあります。ただ、残念なことに一時預かりボランティアは、日本では一般的な認知度がまだまだ低いため、動物に対して人の数が足りていないのが現状です。

この事実に対して少しでも心を動かされる人が増えれば、動物愛護の輪は広がり、人と動物が共生できる社会に一歩ずつ近づくはずです。

Chapter 3

ペットが亡くなる前に

本章では、ペットとの別れを意識して、後悔なくペットを見送ることができるように、ペットにしてあげられることについて考えたいと思います。前半は、「ペットと共生するために」をテーマに、人とペットが尊重し合って生きていくためにできることを。後半は、「別れの準備」をテーマに、どんな別れの準備ができるか、またどのようにして気持ちを整理していくことができるかを考えていきます。

ペットと共生するために

ペットと共生することを考えるにあたって、まずは基本的な「環境づくり」と「食」について考えたいと思います。基本的な生活を快適に過ごせる環境を整えておくことは、ペットと飼い主の信頼関係を育むことにつながります。また、日頃からペットの性格や意思を尊重してあげることも関係を築くのには大切です。

後半では、さまざまな体験をペットにさせてあげることで、どんな環境にも適応できる順応性を高められることと、その必要性についても述べたいと思います。

ペットにとって快適な環境を考える

ペットが快適に過ごすための環境づくりの第一歩は、掃除と整頓です。床に転がっている物を誤飲する可能性はゼロではないし、出しっぱなしのお菓子や、食べてはいけないペットには有害な食べ物を食べてしまう危険性もあります。人よりも床に近い位置で生活しているペットは、床にたまったホコリを吸いやすいですし、抜け毛の多い季節などはダニなども繁殖しやすいのでこまめに掃除をする必要があります。

ペットがどのような場所を好むかはその子の性格にもよりますが、たとえば猫ならば上下運動が必要なのでキャットタワーはマストですし、警戒心のある場合は特に、高い所が落ち着くようです。また、閉鎖的な場所を好むので「猫ちぐら（つぐら）」などを用意してあげるのもいいかもしれません。

犬の寝床の場所も重要です。人の出入りの多い玄関付近や動線上は、犬が落ち着かないので避けた方がいいでしょう。無駄吠えの原因にもなりかねません。

どんな子にも共通して言えるのは、安心して過ごせる居場所をつくってあげること。

そのためには自分が飼っているペットの種や性格を理解し、ペットの目線になって想像してあげることが必要です。

✓寝る場所

飼い主と一緒に寝る場合でも、リラックスできる寝床は用意しましょう。この時、エアコンの風や直射日光が当たらない場所を選ぶことが大切です。飼っているペットが快適に過ごせる温度を調べておき、寒すぎることがないか、夏なら熱中症になるような場所でないか、きちんと確認しておきましょう。

✓食事場所

ペットの生活を整える上で、目的に応じて決まった場所を用意することが大切です。食事する場所もそのひとつ。なるべく決まった時間にきちんと食べられるよう、落ち着いて食事できる場所を用意してあげましょう。体型や体調に合わせて、器の位置が少し高くなるよう、ペット用のテーブルなどを使って食べやすい位置に調整してあげることもできます。食事の場所は、排泄場所や寝る場所とは異なる場所に設けるのが基本です。

✓トイレ

ペットへのしつけとして、トイレの場所は覚えさせたいもの。落ち着いて用を足せるように、こまめに掃除して快適な空間をつくりましょう。広いスペースよりも、壁で囲まれたような場所のほうが、ペットに安心感を与えることもあります。もしも粗相が続くようであれば、居心地の悪い場所でないか、きちんと掃除がなされているか、ストレスがないかなど不快感を与えている原因を考えるようにしましょう。

また、たとえ粗相しても、掃除が負担になってイライラしないよう、楽に掃除できる床材にしておくことが大切です。

ペットと生活する部屋で注意したいこと

✓電化製品

コード類や電化製品は、ペットが興味をもつもののひとつ。しかし、万が一いたずらして噛んだりしては事故のもとにもなります。コードやコンセントなどを覆う専用カバーを用意するほか、床の上にはコードをむき出しに置かないなど対策が必要でしょう。

✓消臭グッズ

ペットのいるおうちは、特有のにおいが発生しやすいものです。ずっと一緒にいる飼い主にとっては気にならない場合でも、来客には不快なにお

いと感じることがあります。普段の掃除をきちんとしていれば、排泄直後でないかぎり、においはほとんどしません。日頃からこまめな掃除を心がけ、排泄時や粗相してしまった時に備えて、消臭剤やアロマスプレーなどを常備しておきます。また、空気清浄機を使って心地よい空気を循環させるのも効果的です。

ペットの食事と手作りフード

ペットの食事シーンには、市販のペットフードだけでなく、さまざまな食べ物を用意してあげたいものです。そこで、まずはペットに食べさせる時に注意しておきたい食品を押さえておきましょう。どんな食品がOKで、どんな食品がNGなのか押さえておけば手作りフードを作る際にも役に立ちます。中には、少量であれば栄養価が高いものも、大量に食べさせるとペットの体には負担が大きなものもあります。基本原則は、消化に悪いものは多量に食べさせないこと。また、消化に悪いものは消化しやすい形に加工して食べさせましょう。

ペットに食べさせてはいけない食品

× ネギ類（玉ネギ、長ネギ、ニラ、ニンニク、エシャロット、ラッキョウなど）

赤血球を破壊する成分が含まれます。胃腸障害や貧血を起こす可能性があり、量によっては死に至る危険性も。市販の食品のなかには、コンソメなど玉ネギのエキスが含まれるものもあるため、原材料をよく確認しましょう。

＊ニンニクはごく少量であれば滋養強壮効果がありますが、量の加減が難しいので食べさせる際はペットの体の大きさも考えて適正量を守ってください。

× カカオ類（チョコレート、ココアなど）

カカオの香りの成分が血管や神経に作用し、不整脈や発作などの原因になります。市販のチョコレート菓子のなかにはカカオの成分が低いものもありますが、下痢や嘔吐のほか、死に至る危険性もあるので、どんなものでも避けたほうが安心です。

大量に食べさせると危険な食品

×レーズン、ブドウ

因果関係が明らかではありませんが、ペットへの有毒性が認められた食品です。なかには、食べても平気なペットもいますが、嘔吐や下痢、腎臓障害などを引き起こす可能性のある食品であるため、注意しましょう。

×アボカド

アボカドの身や種、皮に含まれる成分がペットには有毒になります。多量に食べると、嘔吐や下痢などの症状を引き起こす可能性があります。

×ナッツ類（ピーナッツ、マカダミアナッツなど）

消化がよくないため、食べ過ぎると消化不良や下痢などの原因になります。また、市販のナッツ類には塩分や油分が多量に含まれるため、肥満の原因にもなります。

手作りフードのメリット

ペットにとってのNG食品を押さえたあとは、ペットに手作りフードを作ってあげましょう。手作りフードについて考えるうえで大切なことのひとつは、継続することだと私は考えています。とはいえ、なかなか毎日手作りフードを作ってあげるのは大変でしょうから、一週間のうちの半分、あるいは週末だけとか、無理のないスケジュールで定期的に手作りフードを作ることを習慣づけましょう。

手作りフードのメリットは、添加物なしで、安全な食材を選び、ペットに安心して食べさせることができる点や、いろんなものを食べる経験をすることで、食べる喜びが本能を刺激し、ペットが元気になってくれることです。そのメリットは、あげればキリがありません。また、乾燥したペットフードは消化に大量の水を必要とするので、ペットの体に負担がかかります。新鮮な食材を使い、水分をたっぷり含んだ手作りフードを食べさせてあげることは、それだけでペットの健康にもつながります。

献立を考えるのは大変と思いがちですが、意外にそんなことはないのです。「今日

鮭と白菜と大根のスープ煮

鮭は、骨をのどにつまらせないよう小骨の処理までしっかりと。大根おろしのしぼり汁をかけてあげるのもおすすめ。

ゆでササミとジャガイモと人参のきのこスープ煮

ササミは高タンパク低カロリーで、ペットたちにはぜひ食べさせたい食材。野菜と一緒にスープ煮にすれば胃への負担もかかりません。

ラム肉のグリルとキャベツと人参のソテー

脂肪も低カロリーなラム肉は犬たちの大好物。骨つきラムは最後に骨も与えます。

の晩ごはんはお鍋だから、手作りフードにも白菜を使おう」とか、人の食事と共通の食材を使うことで、ずいぶん手間も省けます。そして何よりも、家族の一員であることが実感できる瞬間だとも思います。ここでは普段私がどんな手作りフードを作ってあげているか紹介します。

蒸したりゆでたりの調理の時は、オリーブオイルを適量入れて和えています。塩分は添加しないので、煮る時や炒め煮の時は、コラーゲンたっぷりのチキンスープやえのき氷（えのきを煮詰めたペーストを保存のため凍らせた

鶏もも肉と人参とカボチャのリゾット

カボチャの甘みがくせになる一品。我が家の犬猫たちの大好物で、栄養もたっぷり摂ることができます。

鶏もものひき肉とサツマイモと人参の炒め煮

ひき肉はいろんな料理にアレンジできてとても便利。サツマイモを入れれば彩り鮮やかで見た目にもきれいです。

鮭と青菜とゴマのおじや

塩味をつければ飼い主も一緒に食べたいメニュー。ゴマは油分が多いのでトッピング程度にふりかけましょう。

もの）、昆布などを用いて深みのある味に仕上げます。もちろん栄養価もそのほうが高まります。えのき氷以外のチキンスープなども、キューブアイストレイに入れて凍らせておくと、1回分ずつ取り出せるので便利です。また、ある程度の量を作っておいて、真空状態にして冷蔵保存すると、新鮮さも保てるのでおすすめです。

ペットにマッサージをしてあげる

人間同様、ペットも日常の生活でストレスや凝りを感じることがあります。そんな時にマッサージをしてあげると日頃の緊張をほぐす効果があるだけでなく、スキンシップという最高のコミュニケーションにもつながります。

プロにお願いすることもできますが、家庭でのマッサージは飼い主がペットに伝えられる愛情表現のひとつ。やさしくなでたり、お腹や脚をさすったり、肉球を指の腹でやさしく揉んであげるだけでもその効果はあります。日中に遊んだ後や寝る前など、リラックスできる時間帯を利用してマッサージを日常の習慣に取り入れましょう。

マッサージをする時の注意点

×嫌がるときは無理強いしない

触られるのがうれしいペットもいれば、そうでないペットもいます。時間帯によってはあまり触られたくない時もあるかもしれません。体調が悪い時も避けるべきで、また力を入れていないのに痛がったりする場合は何らかの病気の可能性もあります。そんな時に無理にマッサージをするのは逆効果。常にペットの様子を見ながら、気持ちよさそうな表情をしているか確認しましょう。

×強く刺激しすぎない

多少の刺激は必要ですが、強すぎる刺激は思わぬ場所を圧迫して不快感を与えかねません。人間であれば「痛いけど気持ちいい」ということがありますが、動物にそうした感覚はありません。少しずつ加減しながら、どの程度の強さがよいのか、ペットの様子を見て判断しましょう。

×ブラッシングは適度な強さで

お手入れで欠かせないブラッシングも、マッサージの効果があります。獣毛ブラシやコームなど、毛並みを整えるブラッシングを丁寧に行いましょう。ただし、ブラシ類は思った以上に力が入るものと心得て、必要以上に力強くブラッシングするようなことは避けましょう。

×アロマを取り入れる時はペットの好みに注意

ペット用のアロマを日常生活に取り入れることも珍しくなくなってきました。植物から採れた精油の香りは、人間同様ペットにも安らぎを与えてくれます。ペット用のアロマキャンドルやブラッシングの前にスプレーするフローラルウォーターなども売られているので、ペットが喜ぶ香りを見つけて取り入れるのもおすすめです。

ただし、柑橘系など、ペットが苦手な香りもあります。きちんとした知識をもった専門のショップで選んでもらうなど、飼い主だけの判断では選ばないように注意することも大切です。

ペットと一緒にお出かけする

動物は基本的に体を動かすことが大好きです。猫は狩りが大好きですし、犬は飼い主がひと声かければ喜んで散歩についていきます。

私の場合、チワワのでんじろうやパピヨンの小梅、フレンチブルのきなことみんなでお出かけすることも多いのですが、この子たちをいろんな場所に連れていってあげて、いろんな体験をさせてあげようということをいつも意識しています。ペットたちにさまざまな体験をさせてあげることで、いろんな刺激に慣れて、どんな場所でも落ち着いていられる順応性を身につけることができるのです。

最近ではペットを同伴できるホテルやカフェなどが増え、遊びに行ける場所も選択肢が増えました。そこで、ペットと出かける時に最低限必要な物と注意したいことを紹介したいと思います。

ペットと外出する時に用意したい持ち物

✓ リード

外出する時の必需品です。ペットが道ばたに落ちたものを不用意に口にすることのないよう、また立ち入り禁止の場所に入ることのないよう、散歩の時は短めにリードを持ちましょう。

✓ キャリーケースやキャリーバッグ

小型や中型のペットと外出する場合の必需品です。ペットとの同伴が許される場所も増えてきましたが、まだまだ日本は、ヨーロッパに比べ、ペットに寛容な社会ではありません。飼い主のマナーが問われる問題が多いのも、その要因のひとつかもしれません。小さい動物でも苦手な人もいます。公共の交通機関を利用する場合は、キャリーケースや、頭まで収まるキャリーバッグに入れて移動するようにしましょう。

✓ ポリ袋

日常のお散歩にも持ち歩きたい、トイレの処理をするための必需品です。特に長時間の外出になる時には、多めに用意しておくようにしましょう。場所によってはペット用のオムツを着用しておけばより安心です。また、日頃からトイレトレーニングをしておけば、慣れない場所でトイレをするストレスも軽減できます。

✓ ペットフード

ペットカフェやペット同伴OKのお店も増えてきました。ペットが食べるものも用意されている場所だと、飼い主もペットも心地よく過ごせるので、連れて行く機会も多くなるかもしれません。しかし、用意されているものが、すべてのペットにとってお気に入りであるとは限りません。また、外出によるストレスで、いつも食べているものでも食欲が少ない時もあるかもしれません。長時間の外出になる場合は、日頃食べ慣れた食べ物や飲み物を持参して出かけるようにしましょう。

✓ウエットタオル

行く場所によっては、泥やホコリなどの汚れが足や体につくことがあります。そのまま抱きかかえてしまっては、飼い主にも汚れがついてしまうだけでなく、感染症の原因になることがあります。車で移動する場合や、ペットＯＫのお店に入るときなどのためにも、ウエットタオルを用意しておきましょう。

✓トイレシート

長時間の外出で車などを使って移動するときには、粗相に備えたトイレシートを用意しておきましょう。ペットと宿泊できるホテルなどに行く時は、多めに用意しておくと安心です。

トイレを失敗しないか不安な場合は、マナーベルトやマナーパンツの着用がおすすめです。

✓おもちゃ

初めての場所に行くことは、それだけでペットにとっての楽しい時間となります。そんな時に、いつも使い慣れたおもちゃがあれば、飽きずにさらに楽しい時間が過ごせるでしょう。お気に入りのものを持っていくようにしましょう。

✓迷子札

外出に慣れているペットの場合でも、ふとした拍子に迷子になってしまう可能性もあります。鑑札はもちろんですが、飼い主の連絡先を記した迷子札を、ペットにつけておくようにしましょう（マイクロチップも装着しておくとより安心です）。

✓酔い止め

ペットも人間同様、車などでの移動の時には気分が悪くなってしまうことがあります。快適に過ごしてもらえるように、あらかじめ酔い止めなどを飲ませておくのもひとつの方法です。

✓ ブラシ

ペットと一緒に外泊する時、お手入れグッズは欠かせません。特に、ブラッシングはスキンシップのためにも、清潔な空間を保つためにも大切なこと。慣れない環境で何かとストレスは増えがちなので、たまったストレスを解消させ、リラックスさせる意味でも必要です。使い慣れたブラシは忘れないようにしましょう。

✓ 消臭グッズ

外出先には、かならずしも動物好きな人ばかりではなく、なかにはペットのにおいに敏感な人、ペットが苦手な人もいることがあります。周囲に配慮することは、ペットと過ごすうえで必ず忘れてはいけないことのひとつ。スプレータイプのものなど、即効性のあるものを用意しておくと、万が一の粗相の時などに安心です。また、除菌剤が含まれているものであればなおいいでしょう。

ペットと外出する時の注意点

✓車は安全運転で

長時間車に乗るときは、無理な運転はしないように、安全運転を心がけましょう。スピードの出し過ぎや食後すぐの長距離などは、なるべく避けたほうがいいでしょう。そして当然のことですが、ペットをひざの上にのせたまま運転したり、抱きかかえた状態で運転したりするのは絶対にやめましょう。滑りおちないよう固定できるペット用のドライブボックスやケージ、セーフティシートやボード、ベッドなど様々なタイプの物がありますので、ペットに合った物を用意しましょう。

✓適度な休憩をはさんで

日常生活と異なる空間に行くことは、ペットにとってのストレスを増やす原因となります。疲れを感じさせないように、体を動かす時間をとるなど、休憩時間も予定に組み入れましょう。また、休憩の際には水分補給と排泄は必ずさせましょう。

✓食事を計画的に

外出先でいつもと違う生活リズムになるのは仕方のないことですが、食事時間はできるだけ普段と変わらないように設定しておきましょう。ドライブの直前の食事を避けなければならなかったり、ドライブの途中も車酔いを考えると、普段のようには食事を摂れなかったりする場合も多いので、イレギュラーにも対応できるような配慮が必要です。その時にはいつもと変わらない様子でも、外出先から帰宅したときは、想像以上の疲れを感じさせることがありますから、ゆっくり休ませてあげましょう。

✓ペット同伴可能な場所をチェックして

いくらペット同伴可能な場所が増えたといっても、ペットと一緒に行動できる場所は、日本ではまだまだ限られています。せっかくの楽しいお出かけですから、余計なストレスを感じないために、また周囲に対するマナーを考えるうえでも、どこが一緒に歩ける場所なのかよく調べてから出かけるようにしましょう。

順応性の高いペットに育てることの大切さ

「共生」というのは、どちらか一方の社会に強制的に適応しなければならないものではなく、お互いの歩み寄りによって成立するものだと私は思っています。もちろん、人がペットを守ってあげなければいけない面もたくさんあるため、人の社会に動物たちが適応できるように、人が働きかけなければいけない責任はありますが、動物たちのパーソナリティを理解して意思を汲み取ってあげなければいけない必要性については言うまでもありません。

たとえばペットと一緒に寝ることを考えた時、ペットの性格によっては人と一緒に寝たがる子もいれば、ひとりお気に入りの場所で寝ることが好きな子もいるでしょうから、それはその子自身がしたいようにさせてあげるのが一番だと思います。

ただ、非常事態にあっては避難所などで慣れない環境で寝ることを強いられることもあります。そうした時に、その環境に適応できずにストレスがたまり、あるいは病気になってしまうような育ち方をした子は気の毒ですから、飼い主と一緒に寝るのが好きな子でも、クレートの中でひとりでも寝られるようにしておくことが必要です。順応性を高めることは、不安や緊張の軽減につながります。

ほかにはこんなパターンもあります。私は前述の通り、手作りフードをよく作りますが、ある友人のペットは、食が細く、食べることにあまり関心がないようだ、とのことでしたので、一度私がその子のために手作りフードを作って食べさせたところ、食べる喜びに覚醒したのか、もりもり食べ、たちまち食べ終えたということがありました。

ひとつの体験によってその喜び、食への本能が呼び起こされたのです。ペットだって美味しいものが食べたいのです。味気ない乾いた市販のペットフードでは、食欲が出ない子もいることでしょう。このエピソードから言えるのは、私たちが思うよりずっと、動物たちは食に繊細です。人の思い込みでペットの性格や嗜好を決めつけることなく、いろんな体験をさせてあげることが大切です。

たとえば非常事態の時、避難所ではいつも食べているペットフードが手に入らないことがほとんどでしょう。そんな時も、いろんなものを食べることができる子にしておくほうが安心です。

別れの準備

ペットの寿命は、基本的に人より短いもの。いつかくる別れの時は避けられないものだからこそ、後悔なく天国に見送れるよう最期の瞬間まで一緒に過ごす時間を大切にしたいものです。ここでは「別れの準備」をテーマに、老いたペットの介護に対する考え方や別れの準備としての思い出作りについて考えたいと思います。

✓ 老いたペットと暮らすということ

犬や猫といったペットとして飼われる動物は人間よりも寿命が短く、それゆえ老化の始まりは早く、進行も速いのです。一緒に過ごしていて、ふと白髪が見つかったり、散歩が大好きだった子が遠出したがらなくなったり、と日常の中でちょっとした変化が始まった時には老化が始まっています。

老化が進むと、免疫能力が低下して病気にかかりやすくなったり、グルーミングなど身の回りのことが自分でできなくなって、飼い主がお世話しなければならない面が増えてきます。一方で、年を重ねた動物たちはとても穏やかな表情で、どこか達観したようなゆったりとした姿を見せてくれるものです。老いたペットが最期まで幸せに過ごせるように、どのような手助けができるかここでは紹介したいと思います。

✓ 介護にあたって

まず予防的なことですが、いくら高齢化によって体力が落ちたといっても、寝たきりの状態が長く続くのはやはりかわいそうなものです。最終的には寝たきりの生活になるとしても、その時期は、なるべく先のほうがいいわけです。人と同じように若い頃からルーティーンの散歩は欠かさず、日頃から運動を行い、足腰を強化しておき、一日でも長く元気でいてほしいと思います。

また、ペットがけがをせず、快適に過ごせる環境を用意してあげることも大切なことです。人と同様、ペットにもバリアフリー化は必要で、床や階段には滑り止めのマットを敷いたり、寝床のベッドも起き上がりやすいものにしたりするなど、ちょっとした配慮をしてあげるだけで快適に過ごすことができます。ほかにも、ぶつかっても痛めないよう家具の角などをやわらかい素材で養生したり、白内障のペットのために照明をいつもより明るくしたりするのもいいでしょう。リフォームなど大幅な室内改造をせずとも、ポイントを押さえて工夫すれば、室内環境は整えることができるのです。

✓ 介護の基本

次に、実際ペットを介護する時、どのようなケアができるかを紹介したいと思います。ここで述べるのは基本的なことばかりですが、ペットの老化を心配されている読者の方に少しでも参考になれば幸いです。

❶ 冬には湯たんぽや電気カーペットを用意する

種によっても異なりますが、動物の多くは高齢になると基礎代謝が低下し、寒さに弱くなります。普段の生活スペースには電気カーペットを敷いてあげて、寝る際は湯たんぽを使用すると、冬や昼夜の気温差が激しい日もペットが快適に過ごせます。

電気カーペットを使用する際は、コードをかじらないようビニールテープで巻いておくなどして、やけどや感電をしないような配慮が必要です。

暖かい空気は上昇しますから、人より低い位置で生活しているペットには、寒く感じる場合があるため、電気カーペットや湯たんぽはマストアイテムです。

❷ グルーミング

グルーミングには、マッサージやブラッシング、爪切りや歯磨きなどがあります。マッサージとブラッシングについては前述しましたので、ここでは爪切りと歯磨きについて紹介したいと思います。

・爪切り

まず爪切りですが、高齢になり運動量が減ったペットですと、散歩などで爪が削られることも少なくなるため、なかなかすり減らずに伸びてきてしまうことがあります。放っておくと巻き爪にな

り、皮膚を傷つけてしまうことになりかねません。

犬の場合の爪切りは入浴後、爪がやわらかくなった時が切りやすく、その際は人間用ではなくペット用の爪切りを使いましょう。爪切りを嫌がる子にはやすりで削ってあげるだけでもいいでしょう。

・歯磨き

高齢になると食べ物を噛み砕く力も弱まり、食べ物のカスが歯間などにたまりやすくなることで虫歯にもなりやすくなります。週に1度程度でもいいので、歯磨きをしてあげることで虫歯や歯肉炎など口内の病気のリスクは軽減できます。

初心者の方には歯ブラシを使うのは難しいかもしれませんので、指にガーゼを巻いて磨いたり、専用の指サックタイプのものを使うと簡単です。

歯磨きを嫌がる子には、ペット用の歯磨きガムなどをあげるだけでも随分違います。また、殺菌効果の高いマヌカハニーを与えるのもおすすめです。

③ 床ずれ防止マットを用意する

床ずれは寝たきりのペットにとって最も注意したい症状のひとつで、一度なるとなかなか治りません。老いたペットにとっては大敵といえます。長毛の動物は床ずれになっていても、外見からでは発見しづらいため、発見した時には、かなり進行していることがあります。日頃から触ってあげて床ずれになっていないかチェックしてあげることが大切ですし、寝返りをこまめにサポートしてあげることが大切です。

また寝たきりの状態が続くようなら、床ずれ防止マットやサポーターなどを用意してあげて、床ずれを未然に防いであげましょう。もし、床ずれになってしまった場合は、湿潤療法がおすすめです。

湿潤療法はうるおい療法とも言われ、患部を乾燥させずに体内の細胞を活性化させ、自己治癒能力を高めることでけがを治す治療法です。動物たちがけがをした時に舐めて治すのも湿潤療法の一種で、理にかなったものなのです。

思い出作り

思い出作りとひとくちに言っても、ペットが幼い元気な時期と年老いてもう若くなくなった時期とではその意味合いも変わってきます。最初の頃は、単にその愛らしさを記録したいという気持ちから写真や動画で残していたものが、ペットが老いて別れの時を意識し始めた時から、その行為は別れの準備へと変わっていくのです。

✓バースデイ、特別な日を祝うこと

思い出作りという意味では、ペットのバースデイを祝ってあげることや、お正月など特別な日を一緒にお祝いすることもそうでしょう。我が家のペットは犬猫合わせて12匹もいるのと、みんな保護犬、保護猫なので、私自身はこの子たちのバースデイを祝うといったことは特にしませんが、それぞれ引き取った季節になると、「今年も一緒にいてくれてありがとう」という感謝の気持ちであふれ、また「来年はこの子たちをもっと幸せにしなければ」と初心にかえって自らの気持ちが引き締まります。

バースデイを祝う行為自体は飼い主の自己満足ですが、動物というのは人の気持ちにとても敏感に反応するので、飼い主が楽しそうにしていることは、ペットにとっても嬉しいことなのです。そうした意味ではペットのバースデイを祝うことはとてもいいことだと思います。

私の場合ですと、たとえば京都の祇園祭の時にはうちの子たちに浴衣を着せてお祭りの気分を一緒に楽しんだり、お正月には普段より豪華な手作りフードを作ってあげて新年を迎えたりします。こうしたこともまた、飼い主のエゴなのかもしれませんが、一緒に楽しみ、その気分を共有することが思い出作りにもつながりますし、家族であることの意識が高まるように思います。

✓さまざまな思い出作り

思い出作りといえば写真や動画が真っ先にその手段としてあげられます。今では、パソコンやスマートフォンで簡単にデータとして残せますし、ＳＮＳやＷｅｂ上にアルバムを作れるアプリなどを活用すれば身近な人だけでなく、世界中の人と思い出を共有することも可能です。ほかにも形に残すという意味ではさまざまな方法があるので、ここではその一部を紹介したいと思います。

・写真で残す

ペットとの思い出を残すには、写真が一番。プリントしてオリジナルのアルバムを作るのが大変な場合には、写真を選ぶだけで素敵なフォトブックに加工してくれるサービスを使うのがおすすめ。Ｗｅｂ上にアルバムを作ることができるアプリなどを使用し、身近な人、興味を持ってもらえそうな人と写真をシェアするのも、活用の仕方のひとつです。

・動画で残す

ペットの聞きなれた鳴き声や、愛らしい動作を思い返すためには、ぜひとも動画を残しておきましょう。ビデオカメラやスマートフォンで、日々の生活をこまめに記録し、定期的に動画を編集しておけば、出会ってから成長するシーンを残す思い出ビデオを作れます。

・フィギュアを作る

ペットの写真をもとに、ぬいぐるみや3Dフィギュアに加工できるサービスがあります。楽しい時間を過ごしている時には必要がないと思っても、ペットが元気なうちに、等身大やミニチュアサイズでフィギュアを作っておくのもいいものです。私も、友人が愛犬の小梅のぬいぐるみをプレゼントしてくれましたが、本当にそっくりで驚きました。

・ジュエリーにして残す

ペットが旅立ってしまった後、遺骨の一部をペンダントに入れて残したり、残された炭素分子からダイヤモンドに加工したりできるサービスがあります。お墓参りをしたくても遠い場所にある時、一緒に過ごした思い出を形にしたい時、ペットを常にそばに感じていたい時など、思い出とともに常に身に着けることができます。

✓ カウントダウンを意識すること

別れの準備は、決して今ともに過ごしているペットの命をないがしろにするようなネガティブなイメージで捉えるのではなく、むしろともに過ごすペットの人生の最期の瞬間までを大切にしてあげることにほかなりません。

若い方など、飼い主の年齢によっては愛するペットの命が失われるという事実は受け入れがたいことかもしれません。そうして寂しさやつらさのあまり、その事実から目を背けたくなる方もいるでしょう。しかし、そうしていつか終わる命に対して向き合えなかった後に残るのは、後悔と自責の念だけです。

命を失うことはとても重いことであるがゆえ、心の準備をするのも言うほど簡単なことではありません。それでもペットが老いた時や普段過ごしているなかで、ふとペットの命の終わりを意識することから別れの準備は始まります。そのカウントダウンは意識するほど苦しくつらいものかもしれませんが、同時にかけがえのないペットと過ごすその一瞬一瞬をこれまで以上に大切に思えるようになることでもあるのです。それに気づくことができたら、いっそう深く愛することができるのだと思います。

Column 3

ペットロス症候群を克服するために

どんな命にも終わりがあります。人とペットにもいつかお別れの時が来ます。これは避けられないことですが、愛するがゆえにその悲しみから立ち直れず、その苦しみから抜け出せない人がいるのもまた事実です。

私は、ペットロス症候群の大きな要因のひとつは、「後悔」だと考えています。2章でもお話しましたが、エルザの死に対して、私の心は自責の念と後悔でいっぱいでした。「あの時、ああしていれば……」。そんな考えばかりに囚われる日々、その痛みは大変苦しいものです。

しかしその後、他のたくさんの動物たちとの出会いと別れを通して、私は救われ、真摯に彼らと向き合い、日々過ごす一瞬一瞬を慈しむことの大切さに気づかされました。

別れは寂しく悲しい。それは変わりません。思い切り泣いて悲しみに浸るのもいいでしょう。親しい友人とペットとの思い出を共有してもいいでしょう。大切なのは別れから何を学び、どう前に進むかです。私はこれまで出会ったすべての命に感謝しています。そして、来世でまた会えることを信じています。

Chapter 4

ペットとの絆

叔母とハッチ

動物たちと暮らし、その命に接していると、不思議な経験をすることがあります。この世は、目に見えるものや形あるものがすべてではなく、目には見えない不思議な力が存在していると感じることがあります。「思い」や「願い」も、そんな目に見えない力です。そして、「縁」や「絆」もまた、目には見えないもののひとつだと思います。縁あって家族になった犬や猫たち……。その中でも時々、とても強い絆を感じる子がいます。絆は、目で確認してはかれるものではありません。けれど、「死」という究極の場面で、その絆の強さを感じることがあります。

67歳で亡くなった私の叔母と猫の「ハッチ」との絆もそうでした。「死」を迎える場面で、私はその絆の強さを知りました。

ハッチはとても甘えん坊で、おおらかな性格の猫ですが、叔母に保護される前、近所の公園に捨てられていました。公園で暮らしている最中に、犬に顔を噛まれ、ひどいけがを負いました。叔母によって救われたハッチは、穏やかな暮らしを手に入れました。犬に噛まれて変形したハッチの顔は、美しくも可愛くもありませんでしたが、とても愛嬌がありました。叔母はそんなハッチをとても可愛がり、20年という長い年月をともに過ごしました。初めて、ふたりが離れ離れになったのは、叔母が癌のために入院した時でした。

叔母の代わりに、20歳を過ぎたハッチを、私が預かることになりました。かなりの老齢とはいえ、元気だったハッチですが、叔母の癌の進行とともに、急激に弱り始め、とうとうある日、吐血してしまいました。いよいよもうだめかと覚悟しましたが、ハッチの生命力はたくましく、再び復活して食事も摂るようになりました。それから約1か月後くらいだったでしょうか、ハッチは静かに息を引き取りました。そして、その3日後、叔母もまた旅立ったのでした。吐血して衰弱したハッチが再び復活したことが、私には奇跡のように思えました。その頃はほとんど意識のない叔母でしたが、看病している家族は、ハッチが亡くなったことを叔母はわかっているようだと言っていました。私には、叔母が寂しくないように、少しだけ先に行って、叔母を待っていたように思えてなりません。

叔母は若い頃、だんなさんの仕事の都合で転勤が多く、北海道で暮らしていたことがありました。その頃、大型犬がいたのですが、いきなり本州に戻ることになり、関東の気候や都会の環境では、大型犬と暮らすことが難しく、泣く泣く手放したことがありました。しかし、新たな飼い主さんには全くなつかず、問題行動をするようになり、譲渡することが難しくなってしまいました。まだ若かった叔母は追いつめられ、動物病院での安楽死という苦渋の選択をしたのでした。何十年経ってもそのことを悔い、強い自責の念を感じていた叔母の心の傷を感じたことがありました。

その話を聞いたのは私もとても若い頃で、正直、叔母の選択は私の納得できるものではありませんでした。けれど、叔母が深い悲しみを抱えていたことだけは、痛いほど感じたのでした。

今となっては、保健所に持ち込み、処分を行政に押しつけず、自らでその罪を背負い、動物にとって苦しみのない安楽死という決断をした、叔母の責任の取り方を理解できるようになりましたが、若かった私は、とても複雑な思いでその話を聞いたものです。

私も、たくさんの犬や猫に支えられてきた経験から感じることなのですが、叔母は、ハッチを救うことで、亡くなった愛犬への罪を償うような気持ちだったのかもしれません。そしてその心の傷を、ハッチを愛することで癒すことができたのではないでしょうか。自責の念を持つ人間は、いつか何かの形で自分を赦すことができなければ幸せにはなれないと思います。ハッチとの出会いは、そんな叔母が自分を赦し、幸せになるために必要だったのだと感じています。ハッチは、叔母の心を救ってくれたのだと思います。

この世を去っても、叔母に寄り添ったハッチ……。ふたりの強い絆を感じるできごとでした。

叔母とハッチの絆はふたりが天国に行っても途絶えることはない。

津波で流された猫「月子」

現在、家で暮らしている震災を生き抜いた猫たちの中に、月子と名付けた子がいます。2章で前述した花子とともに、私が被災地から引き取った猫です。

東日本大震災から2年が過ぎたころ、月子の元の飼い主さんが奇跡的に見つかりました。ある番組で、私が撮影した自宅の映像が映り、「被災地から来たちょっと臆病な子です」と紹介したのがきっかけでした。飼い主さんは、たまたま家族でその映像を録画していたようで、何度もその映像を確認し、そして、「間違いなくうちのねこです」とお手紙をくださいました。月子は以前「まり子ちゃん」として可愛がられていたようです。飼い主さんが編み物をする傍らで、まり子ちゃんが昼寝をしていた平和でのどかな日常が、津波で突然奪われ、まり子ちゃんの行方もわからなくなってしまったということでした。

生きていてほしい、もし生きているなら、ひもじい思いをせずに元気でいてほしい…。手紙にはそんな切ない思いが綴られていました。月子がその方の猫であることを確信したのは、津波で流されたその方のお家の住所からでした。広い東北の中で月子が保護されたのは、その方の住所の隣の市でした。津波により隣の市まで流されてしまうことは、十分に考えられることだからです。さらに手紙の中には、まり子ちゃんの食べ物の好みや性格も書いてあり、間違いなく月子がまり子ちゃんであると確信しました。

飼い主さんは、自身がご高齢であることや、新たな地に移り住み、その住宅事情からまり子ちゃんを引き取ることは断念されましたが、私のもとで穏やかに暮らしていると知り、安心してくださっています。

被災したペットたちの向こうにある、人の心の痛みや、切ない思いを改めて感じました。そして、そんな奇跡のようなことが、飼い主さんとペットとの絆によって起こりうるのだということに感動しました。

被災した方々は、たとえペットと再会できても、以前の暮らしを取り戻すことが難しいのです。復興住宅も必ずしもペット可であるわけではありません。被災者の心に寄り添うペットとの暮らしは、人の心の救済にもつながるはずなのに、一緒に暮らせないという現実があります。そのことを思うと、本当に心が痛みます。こうやって、離れ離れになった飼い主さんとペットがたくさんいるのです。我が子のような犬や猫の幸せを願う飼い主さん……。

その願いが、どこかで叶えられていることを祈っています。

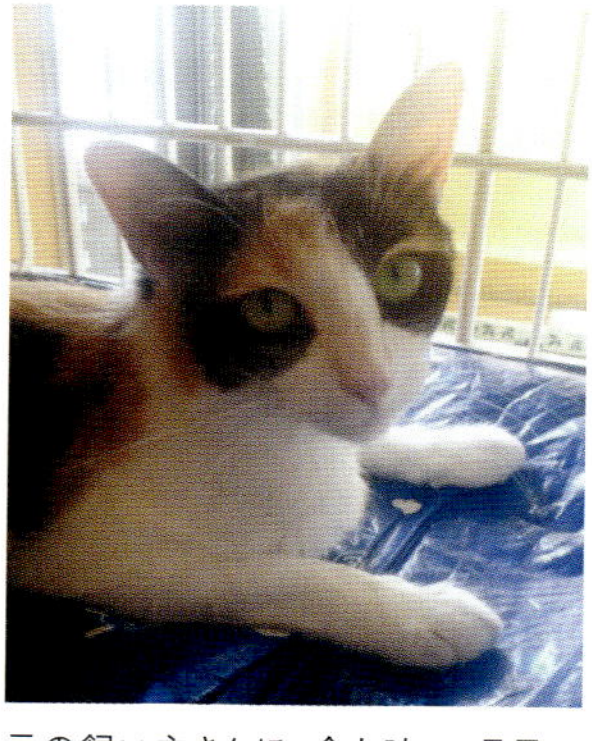
元の飼い主さんに、今も時々、月子の元気な姿を写真で伝えている。

私の人生に寄り添ってくれた「モモタロウ」

「モモタロウ」との出会いは私が22歳の時でした。その頃住んでいたマンションのエントランスに、生後6か月くらいと思われる猫がぽつりと座っていました。迷い猫か、捨て猫か不明でしたが、首輪を着けていなかったので放っておけず保護しました。その頃、一緒に暮らしていた4匹の先住猫たちにもすぐに馴染んでくれました。

モモタロウはとてもマイペースで、肝が座っていて、豊かなコミュニケーションがとれる頭のいいユニークな子でした。私の頬にぴったりと頬を寄せて眠る甘えん坊で、一晩中私のそばで熟睡していました。

モモタロウとは、本当にたくさんの思い出があります。私の舞台の仕事で、一緒に一週間の旅に出たこともありました。どこに行ってもマイペースなモモタロウは、出会う人みんなに可愛がられました。けれどモモタロウには、随分長い間困らされたこともあります。

モモタロウの若い頃、ある時期から突然家の中でマーキングが始まり、壁中にペットシートを貼っていたことがありました。叱ってももちろんマーキングが止まることはありません。本当に困り果てた時期がありました。猫の心療内科に相談したこともありました。薬が処方されましたが、薬を飲むととても強気な態度をとるようになり、心配になって薬の投与をやめました。とにかく毎日毎日、壁にシートを貼り続けるしかありませんでした。それが、7年間も続きました。

おそらく原因は、実家にしばらく預けていた一番古くからの先住猫「トム」が東京に戻ってきたことにあると思われます。トムは、モモタロウ以上に肝の座った猫で、我が家のボス的存在でした。保護猫が時々やってきてもトムが面倒をみてくれるという、やさしくて寛容な猫でした。どうやら、トムが不在の間にモモタロウは自分がボスだと勘違いし、トムの存在が気に食わなかったのかもしれません。どちらも基本的には穏やかな性格なので、激しいケンカをしたりすることはありませんでしたが、モモタロウがトムの存在をこころよく思っていないことは、態度や表情から伝わってきました。マーキングは、自分を主張したかったのだと思います。

7年経ってマーキングが止まったのは、おそらく年をとって、人間でいうところの

「まるくなった」のだと思います。とにかくモモタロウには本当に振り回されましたが、その分たくさん教えられることがあり、濃い時間をともにしました。

そんなモモタロウも19歳の頃から甲状腺機能亢進症を患い、腎臓の数値もよくなかったので、手作り食でのコントロールと漢方などの代替医療を用いて治療をするようになりました。しかし、そのうち西洋医学の治療が必要となり、薬の投与と定期的な経過観察を始めることになりました。病院の中では検査結果を待つ間も、ずっと私の膝の上で、お利口に待っていました。モモタロウのために、手羽先スープを作り、スープをベースにあらゆる食材を用いて腎臓に配慮した手作り食を作っていました。それらをとても喜んで食べてくれました。

17歳でトムが亡くなった時、腎機能不全で苦しんだため、腎臓疾患で絶対に苦しい思いをさせたくないというのが私の

最期は私に看取られて息を引き取ったモモタロウ。私たちの絆は永遠に。

思いでした。そのことがきっかけで手作り食を作るようになりました。その効果あってか、腎臓はうまくコントロールできたのですが、ある日急に呼吸が苦しそうになり、ごはんを食べなくなったため、検査日を待たず病院に連れていきました。チアノーゼを起こしていて、入院することになりました。

検査結果は巨大食道症と胃拡張。食道の筋肉がゆるんで大きくなり、機能していないということでした。ガスが溜まった胃も大きくなって横隔膜を圧迫し、呼吸が苦しくなっていたようです。胃腸が全く動いていない状態なので、食べ物もほとんど口にしてくれません。高齢であることと不整脈と甲状腺にも疾患があるため、麻酔が必要な検査はできません。私ができる最大のことは、モモタロウに精一杯愛情を注ぎ、入院したモモタロウの面会に、できる限り行くこと。そして年齢を考えて、むやみやたら苦痛を伴う延命を求めるのではなく、猫という生き物が、一番猫らしく生きることができるよう自由を奪わない環境で、なるべく苦痛を与えず生活の質を下げない、そんな選択をしてあげることだと思いました。

「神様、どうかもう一度モモタロウが我が家に元気な姿で戻ってこられますように……。もし、それを聞いてくださらないのなら、せめて、どうか苦痛がありませんように」

毎日祈るような思いでした。しかし、20歳になっていたモモタロウに、もう積極的な医療は無理でした。このまま病院に入院させておくより、私がそばで看病することを選びました。私がこれを選択することができたのは、本当に奇跡のようなタイミングだったからです。しばらく海外で夏休みをとる予定がありましたが、モモタロウが入院となり、予定していた旅をキャンセルしていたのです。ですから、東京での仕事も一切入れていなかったため、私はこの期間ずっとモモタロウのそばに寄り添い、看病することができたのでした。自宅には酸素室と酸素マスクをレンタルし、完全介護の準備も万端でした。

胃にガスが溜まって、いつもパンパンに張っていたモモタロウのお腹も、針を刺してガスを抜かなくても自然と抜けるようになりました。ごはんは相変わらず口に入れてあげないと食べませんが、不思議なことに私の誕生日から3日間は、自力でぺろぺろとペースト状にした手作りフードを舐めてくれました。面白いのは、「少しでも食べればいいんでしょ」という表情で、一瞬すごい勢いで舐めた後、「ほら、これでいいよねっ!」という顔をして、そそくさと私の膝から降りていくのでした。きっと無理して食べなきゃいけないんだって気持ちで食べてくれたのかもしれません。大変な介護の中であっても、そんなモモタロウの豊かな表情や感情表現に思わず笑みがこぼれました。

しかし、徐々に自力でごはんを食べることもなくなり、とうとう注射器を使わなくてはならなくなりました。鶏レバーやうずら卵、はちみつや手羽先スープを合わせ、ゆるいペーストにし、注射器で与えました。時々は自力で酸素室から出てきて、うろうろと部屋の中を歩き、お気に入りの場所で横になったりして、調子の良い時もありました。そうかと思えば、何日もごはんを食べず、このまま衰弱していくのかと緊張の日々を送ることもありました。何をしても動かない胃腸に、動いてほしいと願いを込めて、毎日3回15分のマッサージも続けました。ほかには、神社でモモタロウの心身安穏を祈願していただくなど、とにかくできることのすべてを行いました。けれど、命にはいつか終わりがあるのです。

２０１０年7月25日、モモタロウは旅立ちました。その日の昼前から容態は急変し、30分間も呼吸が激しく乱れた状態だったため、酸素マスクを装着させました。それでも酸素室から自力で出てきて、私の前に横たわったのです。何とか苦しみを和らげる方法はないのかと病院に電話して指示を仰ぎ、クッションで体を挟んで起こしてあげることで、一時の激しい苦しみを軽減させてあげることができました。そして、その2時間後、モモタロウは静かに、ゆっくりと私のそばで、まるでろうそくの火が消えるように、そっと息を引き取りました。

その日の夜、モモタロウを腕枕で抱きながら、枕を濡らして眠りました。モモタロウとの出会いから20年、数々の思い出がよみがえりました。あの可愛くてコミカルな姿をもう見ることができない……。やさしいふわふわのあったかいモモタロウに触れることもできない……。

そう思うと寂しくて悲しくて仕方ありませんでした。モモタロウが体調を崩して2週間、夏休みの旅行をキャンセルしてずっとそばにいてあげることができたのは、本当に奇跡のようなことだと思います。不思議なことに、モモタロウが旅立ったのは、私の夏休み最後の日でした。もし1日でもずれていたら、モモタロウの最期には立ち会うことができなかったでしょう。モモタロウがその日を選んでくれたのか、私の願いを神様が叶えてくださったのか、感謝の思いでいっぱいでした。20年という長い年月を、私の人生に寄り添ってくれたモモタロウ…。

振り返ると本当に感慨深いものがあります。モモタロウと出会えたことに感謝し、いつかまた会えるその日を信じて、見送ってあげました。

どれだけ万全を尽くしても、思い通りにいかないこともあるかもしれません。気づいたときは手遅れで、激しい自責の念に襲われることもあるかもしれません。別れることや失うことは心に深い傷をもたらします。けれど、痛みは気づきをもたらしてくれる道しるべなのだと思います。その道は必ず幸せへとつながっている。だから恐れてはいけないと思うのです。病、死、別れがもたらす苦しみを乗り越えなければならないし、受け入れなければならないと思うのです。それが命あるものの定めなのです。

モモタロウとの別れは、かつて私がエルザとの別れで経験した、暗闇に突き落とされたような苦しさとは違い、その悲しみと寂しさはとても静かで深いものでした。心の真ん中に熱い空洞ができたような感覚でした。部屋のあちこちにモモタロウの姿を思い出し、確かにつらい日々は続きましたが、日を追うごとにあたたかな思いが心を満たしました。モモタロウとのかけがえのない思い出は、今も私の宝物です。私の人生に素晴らしい幸福をもたらしてくれました。目を閉じれば、モモタロウの姿が私の中で鮮明によみがえり、今もその絆を感じることができるのです。

そして、いつか私がこの世を去る時、また会えることを、私は心から信じています。

Column 4

ペットのお葬式

ここでは、「ペットのお葬式」をテーマに、ペットが亡くなった時の見送り方を考えたいと思います。

一昔前ならペットが亡くなった時は、お家の庭で埋葬するといった光景も多く見られましたが、ペットも家族の一員として考えられる今の時代、ペットが亡くなった際も人と同じようにお葬式をあげることが一般的になりつつあります。

私自身も、愛するペットたちが亡くなった時は、きちんとお葬式をあげることでお別れを告げています。火葬されたペットの遺骨を自宅で供養したり、霊園などに納骨し法要も行うなど、お別れの仕方は人それぞれですし、一概にこうすべきというものはありません。ただ、お別れを「お葬式」や何かしらの儀式にすることは、ペットがひとつの命をまっとうした証にもなりますし、ペットに正式にお別れを告げることで自分自身の気持ちを整理することにもつながります。

あるいは別れを受け入れたくないという心情の方もいらっしゃると思いますが、そこまで愛するペットの死だからこそ、「ありがとう」という感謝の気持ちをもって見送ってあげたいものです。

Chapter
5

人と動物が幸せな関係を築くために

本章では、ペットに関する基本的なことから動物愛護に関することまで、Q&A方式でお答えしたいと思います。いずれもペットを飼ううえで、また動物と関わるうえで知っておいてほしいことばかりです。

Q：ペットショップ以外で動物を探すにはどうすればいいの？

ペットショップでの購入は悪いことではないと思っていたのですが、まさかその陰でつらい目にあっている子たちがたくさんいるなんて全然知らず、自分の浅はかさを反省しました。ペットショップで動物を購入しないとすれば、どこで探すことができますか？　また、成犬ではなく子犬から育てたいのですが、どうでしょうか？

A：動物愛護先進国のヨーロッパでは大半の人々が動物たちを保護施設から迎えます。里親になることが、ペットと暮らす人々のスタンダードな選択なのです。

動物愛護の精神が根づいており、規制の厳しいヨーロッパでは、ショーケースで子犬や子猫を展示して販売する生体展示販売は存在しません。保護施設にはたくさんの犬や猫たちが新たな出会いを待っています。ですから保護施設から迎えることをおすすめします。保護施設にも、もちろんタイミングによっては子犬や子猫もいます。行政と民間の施設があり、動物管理センターや動物愛護センターと呼ばれるものは行政の施設です。

初めて犬を迎える場合は特に、どの犬種が自分の生活環境に合っているか、犬種によって異なる性質や育て方をきちんとアドバイスしてくれる施設であることが大切かと思います。民間の動物愛護団体の場合はかなり厳しい審査基準（団体によりさまざまですが）があり、里親さんの暮らす環境や生活スタイルがその子に適していないと判断された場合、譲渡してもらうのが難しいこともあります。審査の際は、いろいろ質問を受けて気分を悪くされることがあるかもしれませんが、譲渡先で動物たちが幸せに暮らすため彼らを守る重要な審査なので理解してほしいと思います。民間の施設の場合は、トライアル期間が設けられていることが多いので、1～2週間のトライアルを経て決められることをおすすめします。

それでも子犬であることや犬種にこだわる人は、適正なブリーディングを行っているブリーダーに依頼してください。とはいっても、ブリーダーの免許制度がない日本では適正なブリーディングをしているブリーダーを見極めるのは難しいと思います。適正かを判断するポイントは、繁殖は一犬種のみ、というのがひとつの判断基準になるでしょう。また、海外の基準にのっとって繁殖されている方を探してほしいと思います。こうした動物に対して真摯に向き合う適正なブリーディングを行うブリーダーをシリアスブリーダーとよびます。シリアスブリーダーは子犬をショップに出すことはなく、予約で埋まります。シリアスブリーダーに依頼する場合は、半年から1年待つのが普通ですが、その間に何度もブリーダーに会うことは、その犬種を学べる時間になると思います。

しかし、初めて犬を迎える方の場合は、成犬をおすすめしたいです。なぜなら、子犬より成犬の方が育てやすいからです。子犬はしつけるのに時間も労力も知識も多く必要で、成犬よりはるかに手がかかり、大変であることは否めません。しつけを怠ったりすると攻撃的になってしまったり、手に負えないほどのいたずらっ子になったり、トイレが正しくできなかったり、散歩さえ穏やかにできなくなることもあります。それでは犬との幸せな関係を築くことができず、犬も飼い主もストレスをため込んでしまうことになりかねません。こうした状況では本来楽しいはずの犬との暮らしがつらいものになってしまいます。

実際、しつけができず苦労している方やしつけ教室に預けたものの、改善されず困っている方が本当に多いのです。しつけ教室に預けて、その時はトレーナーの言うことをお利口に聞けたとしても、飼い主の言うことを聞かなければ意味がありません。飼い主が以前のまま犬に接していれば、犬はすぐに元の姿に戻ってしまいます。犬は飼い主を映す鏡のような存在なので、飼い主と犬がどのようにコミュニケーションをとるかが何より大切です。そういう意味でも、性格が把握しやすく、相性も確かめやすい成犬をまずはおすすめします。

また、自分の体力や年齢に合った犬種や、犬の年齢も考慮して選ばなくてはなりません。高齢の方が、遊び盛りのやんちゃな子犬や、たくさんの運動が必要な若い大型犬の面倒を見ることは難しいですし、暮らす環境だけでなく、飼い主と犬とのエネルギーのバランスを考えなければならないと思います。

Q：動物病院はどうやって選べばいいの？

今まで動物を飼ったことがないので、何を基準に動物病院を選べばいいのかわかりません。ペットが病気になった時や検診なども必要になると思うので、病院を選ぶにあたって、ポイントや気をつけなければいけないことを教えてください。

A：人と同じようにペットの命を預ける動物病院も慎重に選ばなければなりません。

まずは、広い知識とある程度高い技術を持っているホームドクター（かかりつけ医師）を見つけることが大切です。ホームドクターは、病気や事故の時など非常時だけではなく、普段からペットの性格や生活習慣を把握して、食事やしつけに関するアドバイスなど、ペットに関するあらゆる悩みに対して知識をもつ専門家なので、何でも相談しやすい人が理想的です。そのような病院を近隣で探すにはやはり口コミの情報が重要だと思います。ホームドクターがいる病院は通うのにペットにも負担にならない無理のない距離であること。良い獣医さんというのはさらなる検査や治療が必要な場合、自分の手には負えないと思った時、高度医療のできる二次診療を紹介することができるネットワークを持っています。そして治療方法や料金について十分な説明をし、飼い主さんの気持ちに配慮しながらいくつかの選択肢を提示してくれます。

言うまでもありませんが、病院内が清潔で嫌なにおいがしないということも衛生管理において大切なことです。また、獣医師は栄養学の専門家ではないにもかかわらず、市販のドライフードだけを与えていれば安心とか、市販のフード以外は与えないように、などと言う偏った知識や考えでないことも重要なチェックポイントだと思います。

口コミやネットや書籍の情報を参考にしながら、まずは病院を選び、最終的には実際に自分がどう感じるかという感覚を大切にした方が良いと思います。痛がるペットに強引に治療を継続したりする場合は、「やめてください」と言う勇気を持つことも必要です。大切な家族の命を預かるという意識のあるかないかは、獣医師との会話やペットへの接し方の端々でかならず見えてくるものです。

Q：里親詐欺って何？

飼い主のいないペットを引き取ってくれる里親ですが、中には下心をもってペットを引き取る人もいるとニュースで聞いたことがあります。

A：里親詐欺とは、犬や猫の里親になるふりをして、本当の目的が虐待すること、または皮革製品材料などの業者に売りお金を得る詐欺です。

見るからに怪しい人間なら警戒するでしょうが、善人を装っているのでだまされる人も多いようです。

これを回避するためにも、民間の施設には譲渡の際に厳しい審査基準が設けられています。職業や家族構成、生活のスタイルがペットと暮らすにふさわしいかをチェックします。ペットによって適した環境が異なるので、里親さんのお宅に直接伺い、どのような環境で暮らすのかをチェックする動物愛護団体もあります。また、病気になった時やけがをした時、必要な治療を受ける経済力の有無も問われます。それらの基準をクリアした方に責任をもって終生飼養を約束してもらいます。かなり踏み込んだ質問になることもあるでしょうが、譲渡されるペットたちが幸せに暮らすために必要な確認事項であることを理解してもらわなければなりません。

命あるものですから、安易な譲渡は無責任な行為になりかねません。保護して献身的なお世話をしてきたボランティアの人たちが、安心して譲渡できるよう、里親になってくださる方にはそのことを理解したうえで、里親審査に協力してほしいと思います。

しかし、それだけ厳しく審査しても、巧みな里親詐欺によってペットの虐待や殺傷事件が起こっています。施設側も、少しでも早く新しい家族を見つけてあげたい、という気持ちが判断を急かしてしまうこともあるでしょうが、里親希望者との応対の中で、ほんの少しでも不安要素や疑問を感じることがあれば、断る勇気が必要だと思います。

Q：ペットの預かり先が見つからない時はどうすればいいの？

仕事で自宅を長期間空けることになりました。仕事先に連れていくことはできず、家族や友人はペットを飼えない事情があるので、誰かに預けることもできません。

A：東京と京都の自宅を行き来する私にとって、留守の間は大切な犬や猫のお世話をしてくれる人が絶対に必要です。

京都にも東京にも猫たちがいますから、京都を留守にするときは、夫の母が私に代わってお世話をしてくれています。私が東京を空けるときはプロのキャットシッターさんにお願いします。

キャットシッターとは、旅行や出張、入院などで家を留守にしなければならなくなった時の猫のお留守番をサポートしてくれる人です。キャットシッターは動物取扱業として動物取扱責任者の登録をしています。愛玩動物救命士や愛玩動物飼養管理士の資格などをもっていると、より安心かもしれません。キャットシッターさんに依頼するメリットは、猫が慣れた環境でお留守番できるので、猫にストレスをかけずに済むこと。また、多頭飼育の場合、たくさんの猫たちのペットホテルへの送迎は大変です。

キャットシッターは、飼い主と猫が快適に暮らすための心強い存在です。私はなるべく猫たちの生活のリズムを崩さないようにしてあげたいので、通常は1日1回のシッティングですが、1日2回の朝と夕方に来てもらっています。もちろん料金は2

倍かかりますが、2匹までは基本料金内で、3匹目から1匹につき500円プラスなので、多頭の場合はホテルに預けるよりお得です。

ちなみに私がお願いしているシッターさんの基本料金は、シッターさん宅からの所要時間にもよりますが、1回のシッティングが2500〜3500円で、3匹目から1匹につき1回500円プラスという感じです。シッティングを依頼する場合、最初にお願いする時だけ直接シッターさんにお会いし、その際にお世話してほしい内容や食事の量、猫の性格や健康状態などを伝えて、それぞれのキャットカルテが作成されます。また、猫に何かあった時の動物病院の連絡先や場所なども伝えておきます。シッティングの内容は、食事とトイレの掃除のほかに、必要に応じてブラッシングもしてくれたり、猫が退屈しないように遊んでくれたりもします。

シッターさんの滞在時間は1時間程度。シッティングの後のキャットレポートは、希望すればメールで送信してもらえるので、タイムリーに猫たちの様子を把握することができます。写メも送ってもらったりして元気で可愛い姿に思わず笑みがこぼれます。キャットシッターさんは、もちろん猫をよく理解されているシッティングのプロなので安心です。自宅のカギも預け、大切な猫のお世話も託すわけなので、自分が信頼できる方かどうかがまず大きな選択基準になると思います。

　私がお願いすることを決めたシッターさんは、最初にお話をした時、プロフェッショナルで安心してお任せできる、信頼できる方だということがすぐにわかりました。お話の内容や私への質問、その方が醸し出す雰囲気などで、一気に警戒心がなくなりました。シッターさんを選ぶ際には、最初によくお話しすることが重要だと思います。

　シッティングをしていただいていて、彼女らをプロフェッショナルだなと感じることは、私の気づかなかった隠れた部分の皮膚の炎症を見つけて報告していただいたり、便の状態を見ながら食事の量に配慮していただいたり、必要な時は整腸剤を与えてくれたり、健康状態には細心の注意を払い報告してくださるところです。

　どのようにケアしていくかも相談しながら対応してくださいますし、時にはアドバイスをいただくこともあります。猫たちもとてもなついているのが、キャットレポートからもよくわかります。心を許している人にしかしないことなどがレポートに書かれていて、猫たちもシッターさんを信頼していることがわかります。

猫たちのためにも信頼できるシッターさんを見つけることをおすすめしたいです。ちなみに、私はキャットシッターしか利用しないのですが、犬専門のドッグシッターさんもいらっしゃるので、犬を飼っている方は前述の選択基準を参考にして、ご自分に合った信頼できるドッグシッターさんを探していただきたいと思います。

Q：ネグレクトされているペットを見つけた時は勝手に保護してもいい？

近所にワンちゃんを外で飼っている家があるのですが、空き家になってしまってワンちゃんだけ取り残されている状態です。家の前を通ってみたら、ワンちゃんは衰弱した様子で毛がほとんど抜け、周りはフンだらけでした。でも近づいたらしっぽを振って近づいてきます。見ているのがつらくて、すぐにでも病院に連れていきたいのですが、勝手に連れていくのは良くないと思い、周りからも怖いからやめた方がいいと言われました。飼い主の方は、何日かに一回餌をやりに来るみたいです。虐待としか思えないので、動物病院に連絡して、保護しようかとも考えていますが、飼い主でもない人がそうしたことをしてもいいものでしょうか？

A：おっしゃる通り、これはネグレクトという虐待で、動物の遺棄や虐待は犯罪です。

ネグレクトとは、必要なお世話や配慮を怠り、けがや病気に対しても適切な治療をせず、飼育放棄することです。飼い主本人に直接事情を聴けない場合は、都道府県や市区町村の保健衛生課に通報してください。動物愛護行政と警察との連携の強化について、国から地方自治体に対し、必要な情報を提供するよう改正動物愛護管理法に定められました。動物虐待を発見した場合、獣医師には通報努力義務が課されることになり、私たち市民も通報努力をしなければなりません。虐待の罰則も強化されました。

・愛護動物の殺傷、虐待は、2年以下の懲役または200万円以下の罰金。

・遺棄は、100万円以下の罰金。

法律の虐待の定義はまだまだ曖昧なところがあり、ネグレクトについてはなかなか立件されませんが、しかし、これについても具体的な例示が追加され、以前よりはネグレクト事例への虐待罪の適用もしやすいはずです。この条項を活用し、行政や警察を動かす必要があります。酷使や疾患の放置、排泄物の蓄積、死体が放置されている環境での飼育も虐待です。

まずは保健衛生課に通報し、必要な場合は警察と連携してもらうことです。ただ日本には、アニマルポリスのような動物虐待犯罪を取り締まる専門の警察機関がないため、このようなネグレクトの場合、問題解決に困難を極めることがまだまだ多いのが現実です。飼い主からペットの所有権を強制的に取り上げることができず、行政が動いても結局解決できなかったという事例もあります。けれど、あきらめず「ネグレクトや虐待は絶対に許さない！」という、社会が厳しい目を持たなくてはいけません。

ネグレクトや虐待を行う人は精神的に不安定なことが多いので、飼い主の精神状態に配慮しながら行政と一緒に保護できる道を探すことです。行政にはその義務があります。もしそれでも困難な時は、地域の動物愛護団体の助けやアドバイスを仰ぐのもよいと思います。愛護団体と行政が連携体制にあるかもしれないですし、ネグレクトへの対応のノウハウを持っているかもしれません。

まずは、飼い主に自分が行っていることは動物愛護管理法違反に該当する犯罪であるということを認識させることが重要だと思います。もし、ワンちゃんの健康状態が非常に危ない状態であるならば、無断で病院に連れて行くことはやむをえないかもしれません。その場合は、事情を書いた手紙に連絡先を明記し、置いておくことが必要です。

Q：病気で苦しむペットは安楽死させるべき？

獣医さんから安楽死をすすめられて、愛犬の安楽死を受け入れました。苦しむだけではかわいそうだと決断しましたが本当にそれでよかったのかと、今も心のどこかで引っかかっています。私の判断は間違っていなかったのでしょうか。

A：たとえ痛みや苦しみしか待っていない助かる可能性のない状況で安楽死を決断したとしても、それを決断するのはとてもつらいことだと思います。

言葉を持たないペットの気持ちを聞くことはできませんが、その子にとって何が最善なのかを考えた末の決断だったのではないでしょうか。最善の選択ができるのは、その子を一番理解し、その子を一番愛していた飼い主さんなのだと思います。

Q：障がいのある犬を保護した時の対処法は？

神経系統に障がいのある犬を保護しましたが、里親が見つかりません。私の家はペットを飼えるところではなく、親にも行政の施設に預けるように言われていて、そうするしかないのかと悩んでいます。

A：健常な猫や健常な犬であっても、子犬子猫でなければ里親さんを探すのは大変なことです。障がいのある子なら、なおさら難しいのは言うまでもありません。

障がいのある犬猫の場合、里親を見つけることが困難だという理由や、通常より人の手がかかるため、重い神経障がいなら、行政の施設に連れて行けば殺処分を免れるのは難しいでしょう。今の日本には動物たちが終生暮らすことを保証される行政の施設は存在しません。民間の団体や個人の施設もスペースや人手が十分あるわけではないでしょうし、潤沢な運営費があるわけでもないので、民間の施設が引き受けてくれるかというのも難しいところがあると思います。ですから、もし私ならこうしてみようかという考えがあります。

まず保護施設を所有している民間の愛護団体に引き受けていただけるかを相談します。その際は、団体に丸投げしてすべて任せて終わりというのではなく、お願いをするなら自分ができる最大限の協力をするべきだと思うのです。協力の形はさまざまかと思いますが、ちょっとしたことでもいいので、自分にできることは何かを考えてほしいです。

団体へ継続的な寄付を続けるとか、休みの日は必ずボランティアとして労働で協力するとか、何かしらの形で自分も関わりお手伝いしよう、という姿勢が大切だと思うのです。お願いにはそういった熱意が必要です。大変であることは分かりますが、一度差し伸べた手を離すことのないようにがんばってほしいと思います。

Q：不妊・去勢手術のメリットは？

不妊・去勢手術はかならず行わなければならないのでしょうか？　健康なのに手術するのはかわいそうな気がします。

A：犬の場合、オスは前立腺肥大、精巣腫瘍、肛門周囲腺腫、会陰ヘルニアの予防になります。

メスは、卵巣腫瘍、子宮蓄膿症など、命に関わる重篤な病気の予防と、初回発情あるいは2回目の発情までに手術をすることで、乳腺腫瘍の発生率が低下します。

猫の場合だと、オスはマーキングが消失し、攻撃性も低下して穏やかに過ごすことができます。メスは犬同様、卵巣子宮の病気の予防、乳腺腫瘍の発生率が低下します。いずれも、高齢になり状態が悪い中で手術をするよりも、若くて健康なうちに手術をする方が負担は少なく、予防効果も高まります。また、発情期がなくなりますので、ストレスを避けられます。繁殖制限をすることにより、望まれない出産を抑制することができます。

「健康なのに手術するなんてかわいそう」「自然な状態が一番いい」という考えの人もいるようですが、妊娠しない場合、ずっと発情しているメス猫には長期にストレスがかかるので、かえってその方がかわいそうだと思います。もちろん、手術にはリスクがつきものですから、信頼できる病院で、麻酔のための検査をし、体調の良いときに、細心の注意を払って手術を行わなければなりません。

人とともに生きるペットたちは、野生動物とは違い、自然な環境の中にいるわけではないのですから、人と共生するためには、仕方のない必要な措置だと思うのです。

Q：施設からどの子を引き取るか選べない時はどうするの？

施設に行ってワンちゃんたちを見て、1匹を決めることは難しいことのように思います。実際に体験されて、感じたことなどを教えてほしいです。

A：自分にお世話ができるのか、ということも含め、命を引き取る責任や緊張ゆえに慎重になり、悩むところですよね。

私の場合は、活動の中でたまたま縁あって出会ってしまった、というパターンが多いです。人との出会いもそうですが、何かに導かれて出会えたような不思議な縁を感じることがあります。時が経ち、出会いを振り返って、その出会いによって良い変化をとげた自分を感じたとき、人生のすべては出会いによって大きく変わることに気づかされます。

施設に多数のワンちゃん、ネコちゃんがいる場合、みんな救ってあげたいという思いから、どの子を選んでいいか迷われる気持ちはわかります。中には、一番もらい手がなさそうなこの子を選びました、というお話も時々耳にします。そういう気持ちが芽生え、その子の存在が心の琴線に触れたこと、それ自体が縁なのだと思うのです。

人が人に心惹かれたり共感するように、犬や猫にも同様の感覚を持つことがあります。シャイでアピールできない不器用なワンちゃんの性格に、どこか自分を投影させていたり、その子の生い立ちによる心の傷が、自分の心の痛みとダブったり……。

また、いつも元気でパワフルでオープンハートな人なら、屈託のないおおらかで活発なワンちゃんと波長が合うかもしれません。どんな子のどんなところが心に響くかはそれぞれだと思いますが、「素直な感じる心に従うこと」。これが一番大切なのだと思います。

Column 5

飼い主に先立たれたペットのその後

基本的には、人間の方が動物より寿命が長いので、ペットとの別れは、ペット自身の死によって起こる場合がほとんどです。

そうはいっても、先のことは誰にもわからないし、万が一ということもあります。飼い主である自分が先立ってしまった時のことも考えて、その後も愛するペットが幸せに生きていけるように準備しておくことが命を預かる者の責任なのです。

安心して託せる施設を探しておくことや、普段から信頼できて、動物を預かることのできる状況にある方に話しておくこと。また、ペットの年齢を考えて、その後必要と思われる食費や医療費などを計算して、予想される費用を明確にし、用意しておくことも大切です。引き取っていただいてから、やはり無理だったという結果にしないためです。

私も、家族であるペットたちそれぞれの行く末を考えながら日々を過ごしています。家族同然のペットたちを保健所送り、ましてや殺処分にしたい人なんて絶対にいないはずです。そんなことにでもなったら、自分も安心してあの世には行けません。ペットが最期まで穏やかに過ごせる環境を用意しておきましょう。

あとがき

私のブログへのコメントや頂くお手紙には、愛犬や愛猫との別れの悲しみから未だに立ち直れない、という苦しい胸の内を綴ったものがたくさん寄せられます。私にはその気持ちや苦しみが痛いほどわかります。この本の本編に記した猫たちとの別れ以外にも、たくさんの別れを経験しました。何度経験しても慣れるものではありませんし、悲しみが軽減されるわけでもありません。ただ、その日を後悔なく迎える準備ができるようになりました。

２００９年16歳で天国に行ってしまった「ドン」は、生後3か月くらいのころ北海道で保護した子でした。ドンは晩年、てんかんの発作が頻繁に見られるようになりました。発作が治まると普通に暮らせていたので、まだまだ元気でいてくれると思っていました。ですから私にとっては、ドンの死はあまりに突然の出来事でした。年末の最後の仕事を終えて、家に戻る最中、息を引き取ったと家から連絡を受けました。当時から一緒に暮らしていた今の夫が、ドンのそばにいてくれたことが唯一の救いでした。前日に久しぶりに起こった発作に、もっと注意を払っていれば……。年末の忙しさに追われていて、見落としたことがあったのではないか……。そんな思いが押し寄せました。

獣医さんの見解や友人の慰めの言葉に少しだけ救われながらも、心の中に引っかかっている「あの時こうしていたら?」という思いが、しばらくついてまわりました。

２００８年に亡くした「タマ」という猫のリンパ肉腫の時も、高度医療の病院に最後の望みをかけて転院した翌日、タマは息を引き取りました。寒い冬、二子玉川のデパートの前で、妊娠していたタマを保護し、それから7年間を家で過ごした子でした。結局、最期を看取ることはできませんでした。病院で死なせてしまうのだったら、高度医療に望みを託すより、覚悟を決めて家に連れて帰り看取ってあげたほうがよかったのではないか……。やはり、そんな思いが押し寄せました。

17歳の時に腎不全で亡くなった「トム」は、２週間の看病の後、天国へ旅立ちました。亡くなる数時間前からずっとそばにいてやれました。けれど、苦しんでいる姿を見守ることしかできません。その苦しみの中で旅立ったトムに対して、もっと苦しみを軽減できる何かしらの手段があったのではないかと思いました。たとえ看取ることができても、こんなふうに自分に問いかけます。愛する家族に看取られ、苦しみもなく眠るように老衰でこの世を去る、というような完璧な最期などほとんどないのかもしれません。こんなふうにいつもいつも形を変えて、まとわりついてくる思いがあります。

こうやって動物たちは、その一生を通して、尊い教えを私たちに与えてくれます。命あるものはいつか終わりがあることをまざまざと鮮明に伝えてくれます。動物たちの命と向き合っていると、常に反省と学びのくり返しです。そこから学んだのは、自分にできる最大の愛とエネルギーを注いで、大切な家族であるペットと向き合う、ということでした。何気ないことですが、抱っこをせがむモモタロウを、出かける前の忙しいときであっても、抱っこしながら準備したこともありました。「あの時、抱っこできなかった」と、後悔したくなかったからです。ペットたちと過ごす一瞬一瞬が、とても大切で尊いものだと、そんなふうに考えるようになったことで、私の生き方や人生への価値観が、大きく変わったように思います。

この本が、今もペットロスで苦しんでいる方の、少しでも助けになればと願っています。そして、これからペットとどう向き合うかを、考えるきっかけにしていただけたら幸いです。みなさんとご家族の幸せを心よりお祈りしています。

最後になりましたが、出版の機会を与えてくださいました廣済堂出版さんに感謝いたします。

杉本彩

著者プロフィール

杉本彩

1968年生まれ京都市出身
女優・作家・ダンサーの他、コスメブランド「リベラータ」やカレー&ワインのレストラン「Koume」などプロデューサーとしての顔も持つ。20代から始めた動物愛護活動の経験を生かし2014年2月一般財団法人動物環境・福祉協会Evaを設立。理事長を務め、動物虐待を取締まるアニマルポリスの導入や動物福祉の整備を行政に訴え動物愛護の啓蒙活動を精力的に行う。

Staff

編　　集　達祐介（スタジオダンク）
　　　　　浅川淑子
　　　　　飯田健之（廣済堂出版）
デザイン　平間杏子（スタジオダンク）
イラスト　うさ
　　　　　伊藤彩恵子
撮　　影　柴田愛子（スタジオダンク）
写真提供　株式会社オフィス彩
協　　力　株式会社オフィス彩

ペットと向き合う

2015年3月11日　第1版第1刷

著　者　杉本 彩
発行者　清田順稔
発行所　株式会社廣済堂出版
　　　　〒104-0061　東京都中央区銀座3-7-6
　　　　電話　03-6703-0964（編集）
　　　　　　　03-6703-0962（販売）
　　　　FAX　03-6703-0963（販売）
　　　　振替　00180-0-164137
　　　　URL　http://www.kosaido-pub.co.jp

印刷所
製本所　株式会社廣済堂

ISBN978-4-331-51884-7　C0095